DIETER LEUSCHNER
Grundbegriffe der Thermodynamik

V. S. LETOCHOW
Laserspektroskopie

DIERCK-EKKEHARD LIEBSCHER
Relativitätstheorie mit Zirkel und Lineal

WOLFGANG MEILING
Digitalrechner in der elektronischen Meßtechnik
Teil 1: Meßmethodik
Teil 2: Gerätetechnik und Anwendungen

L. I. MIROSCHNITSCHENKO
Kosmische Strahlung im interplanetaren Raum

PETER PAUFLER
GUSTAV E. R. SCHULZE
Physikalische Grundlagen mechanischer Festkörpereigenschaften
Teil I und II

ULRICH RÖSEBERG
Quantenmechanik und Philosophie

ALBRECHT ROST
Messung dielektrischer Stoffeigenschaften

J. V. SAČKOV
Wahrscheinlichkeit und Struktur

E. M. SAWIZKI
Perspektiven der Metallforschung

WOLFGANG SCHÄFER
Theoretische Grundlagen der Stabilität technischer Systeme

VOLKMAR SCHURICHT
Kernexplosionen für friedliche Zwecke

NORBERT SIEBER
HANS-PETER LEIDHOLD
Einführung in die Datenverarbeitung

GERHARD WUNSCH
Zellulare Systeme

Festkörperphysik
Entwicklungstendenzen und Anwendungsmöglichkeiten

Die Schöpfer der physikalischen Optik
Eine Artikelsammlung

HANS-GEORG SCHÖPF
Von Kirchhoff bis Planck

HORST MELCHER
Albert Einstein wider Vorurteile und Denkgewohnheiten

RENATE WAHSNER
Mensch und Kosmos
Die copernicanische Wende

HELMUT FRIEMEL / JOSEF BROCK
Grundlagen der Immunologie

EBERHARD HOFMANN
Funktionelle Biochemie des Menschen
Band 1 und 2

LOTHAR JÄGER
Grundlagen der Klinischen Immunologie

KARLHEINZ LOHS
DIETER MARTINETZ
Entgiftung — Mittel, Methoden und Probleme

JOACHIM NITSCHMANN
Entwicklung bei Mensch und Tier

STEPHAN SCHNITZLER
Pharmakologische Aspekte von Immunreaktionen

EBERHARD TEUSCHER
Pharmakognosie
Teil I–III

MICHAEL THEILE
SIEGFRIED SCHERNECK
Zellgenetik

Heinrich Bremer
Klaus-Peter Wendlandt
Heterogene Katalyse

Peter Birner
Hans-Jörg Hofmann
Cornelius Weiss
MO-theoretische Methoden in der organischen Chemie

Werner Döpke
Dynamische Aspekte der Stereochemie organischer Verbindungen

Günter Eppert
Einführung in die Schnelle Flüssigchromatographie

Gerhard Geiseler / Heinz Seidel
Die Wasserstoffbrückenbindung

Falko H. Herrmann
Martina Ch. Herrmann
Das Hämoglobin des Menschen

Hans Luppa
Grundlagen der Histochemie
Teil I und II

Dieter Onken
Antibiotika – Chemie und Anwendung

Joachim Schuppan
Theorie und Meßmethoden der Konduktometrie

Joachim Schuppan
Anwendungen der Konduktometrie

Kurt Schwabe
pH-Messung

Rainer Sinz
Chronopsychophysiologie, Chronobiologie und Chronomedizin

Vorschau auf die nächsten Bände:

Wolfgang Blei
Erkenntniswege zur Erd- und Lebensgeschichte

Klaus Budde / Helmut Bulle
Helmut Rückauf
Stöchiometrie chemisch-technologischer Prozesse

Klaus Dittrich
Atomabsorptionsspektroskopie

Gottfried Fritzsche
Zeitdiskrete und digitale Systeme
Netzwerke IV

Detlef Gröger / Siegfried Johne
Mikrobielle Gewinnung von Arzneistoffen

Nina Hager
Modelle in der Physik

Karl Lanius
Physik der Elementarteilchen

Robert Rompe
Hans-Jürgen Treder
Über die Einheit der exakten Wissenschaften

S. Sakata / M. Taketani
Philosophische und methodologische Probleme der Physik

Ernst Schmitz
Organische Zwischenprodukte

Werner Stolz
Reinhold Bernhardt
Dosimetrie ionisierender Strahlung

WTB

BAND 249

Autorenkollektiv

Reaktive Zwischenstufen in der organischen Chemie

Mit 17 Abbildungen, 14 Tabellen und 6 Schemata

AKADEMIE-VERLAG · BERLIN

Reihe CHEMIE

Herausgegeben im Auftrage
der Akademie der Wissenschaften der DDR

von

Prof. Dr. Dr. h. c. H. Klare, Berlin

Prof. Dr.-Ing. Dr. h. c. E. Leibnitz, Berlin

Prof. Dr.-Ing. habil. Dr. rer. nat. h. c. mult. K. Schwabe, Meinsberg

Verantwortlicher Herausgeber dieses Bandes:

Prof. Dr.-Ing. Dr. h. c. E. Leibnitz

Verfasser

Dr. Peter Adler

Dr. Brigitte Heublein

Dr. Dietmar Stadermann

Dr. Reinhard Wondraczek

unter der Leitung von

Prof. Dr. Günther Heublein

Sektion Chemie
der Friedrich-Schiller-Universität Jena

1981

Erschienen im Akademie-Verlag,

DDR-1080 Berlin, Leipziger Straße 3–4

Lektor: Fritz Schulz

Lizenznummer: 202 · 100/476/81

Gesamtherstellung: VEB Druckhaus „Maxim Gorki“,

7400 Altenburg

Bestellnummer: 762 555 0 (7249) · LSV 1274

Printed in GDR

DDR 8,– M

Vorwort

Durch die Entwicklung neuer Meßmethoden und ihre Anwendung auf den Ablauf chemischer Reaktionen sowie ein vertieftes Verständnis elektronentheoretischer Probleme in Atomen und Molekülen hat die theoretische organische Chemie — in manchen Ländern auch als physikalische organische Chemie bezeichnet — erhebliche Fortschritte gemacht. Zwar gibt es noch keine Reaktionstheorie im strengen Sinne, mit geschlossener Axiomatik und durchgängiger mathematischer Formulierung, aber auf der Basis qualitativer Regeln und teilweiser semiempirischer Quantifizierung können bereits Voraussagen zulassende Verallgemeinerungen über den Ablauf organischer Reaktionen und ihre gezielte Beeinflussung zur Modifizierung von Produktverhältnissen und Strukturen erfolgen.

Eine wesentliche Rolle bei der Diskussion von Reaktionsmechanismen und sogenannten inneren und äußeren Einflüssen auf Reaktionszentren der reagierenden Moleküle in Mehrstufenreaktionen spielen die reaktiven Zwischenstufen. Sie sind gleichsam Relaisstationen auf dem Wege einer Reaktionsfolge, so daß ihre Diagnose bei reaktionstheoretischen Betrachtungen einen breiten Raum einnimmt.

Obwohl in der Originalliteratur eine kaum noch übersehbare Fülle an Beispielen für den vorgenannten Gegenstand existiert, fehlt es zumindest im deutschen Schrifttum an einer kurzgefaßten Darstellung zur Problematik reaktiver Zwischenstufen, ihrer relativen Stabilität und der damit verbundenen Rolle im Reaktionsgeschehen.

Diese Lücke soll mit dem vorliegenden Taschenbuch

geschlossen werden, das aus einem an der Sektion Chemie der Friedrich-Schiller-Universität seit einiger Zeit verwendetem Lehrmaterial heraus entwickelt wurde. Es wendet sich daher besonders an Chemiestudenten. Da die Stoffbeispiele bewußt einfach gehalten wurden, kann es auch durch Studenten von Nachbardisziplinen in ihre chemische Ausbildung einbezogen werden. Chemiker, deren Studium längere Zeit zurückliegt, könnten nützliche Informationen erhalten und zu vertiefender Lektüre ausführlicherer Darstellungen der angegebenen Literatur angeregt werden. Für kritische Hinweise und jegliche Verbesserungsvorschläge sind wir besonders auch im Hinblick auf die Weiterführung unserer Lehrkonzeption allen Kollegen sehr dankbar.

Die Verfasser

Inhalt

1. Charakterisierung reaktiver Zwischenstufen

1.1. Zum Relaischarakter reaktiver Zwischenstufen im Ablauf organischer Reaktionen

Eine bimolekulare Reaktion kann eintreten, wenn chemische Spezies — als Substrat und Reagens bezeichnet — miteinander in Wechselwirkung treten. Dabei müssen stereoelektronische Konfigurationen auftreten, die beide Reaktionspartner enthalten und deren Struktur zwischen dem Ausgangs- und dem Endzustand der Reaktion liegt (vgl. Abb. 2). Das Endprodukt dieses Reaktionsschrittes erhält damit den Charakter eines Zwischenproduktes in einer Folge von Reaktionen. Da Ausgangs- und Endzustand einer Reaktion thermodynamisch stabil sind und andererseits alle Komplexe zwischen Substrat und Reagens immer entweder in die Reaktionsprodukte oder zurück in die Ausgangsstoffe (Edukte) zerfallen, führt der Übergang vom Ausgangs- zum Endzustand der Reaktion über ein Maximum der freien Standardenthalpie (vgl. Abb. 1).

Der Bereich des Maximums wird als „Übergangszustand" (engl.: „transition state") bezeichnet, die dazugehörige Struktur des Komplexes aus Substrat und Reagens als „aktivierter Komplex" (engl.: „activated complex").

Der Prozeß

$$\text{Ausgangsstoffe} \rightarrow [\text{aktivierter Komplex}]^{\neq} \rightarrow \text{Endstoffe}$$

stellt einen Reaktionsschritt dar. Für diese Art des Reaktionsablaufes, bei dem Bindungsbruch und Bindungsneubildung gleichzeitig erfolgen, also synchron verlaufen, gibt es eine Vielzahl von Beispielen. Erinnert sei hier nur

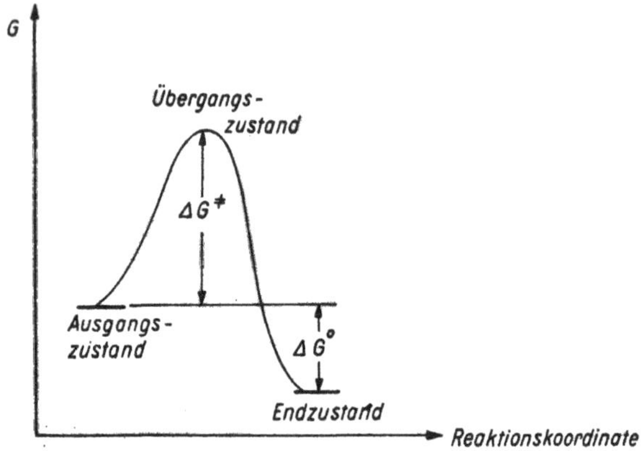

Abb. 1. Reaktionsablaufdiagramm einer bimolekularen exotherm verlaufenden Synchronreaktion

an Solvolysereaktionen z. B. von Halogenalkanen oder von p-Toluolsulfonaten, die nach einen S_N2-Mechanismus gemäß der folgenden Reaktionsgleichung ablaufen:

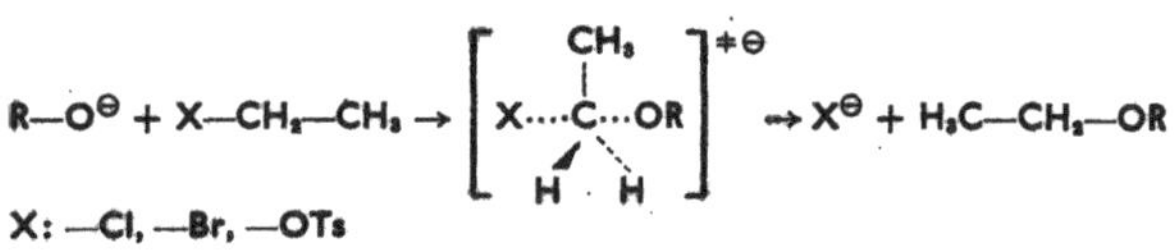

Ist die thermodynamische Stabilität der Endprodukte eines Reaktionsschrittes sehr hoch, können also die Endprodukte isoliert werden, dann bedeutet eine Weiterveränderung der Reaktionsprodukte die Durchführung gesonderter Reaktionen unter anderen, spezifischen Reaktionsbedingungen (vgl. Abb. 2).

Im angenommenen Fall ist die freie Standardaktivierungsenthalpie für den ersten Reaktionsschritt $\Delta G_1^{\neq}$ größer als die für den zweiten Schritt $\Delta G_2^{\neq}$, so daß letztere schneller abläuft. Die Umsetzung von Halogenalkanen mit Magnesium zu Grignard-Verbindungen und deren anschließende Weiterreaktion z. B. mit Aldehyden nach

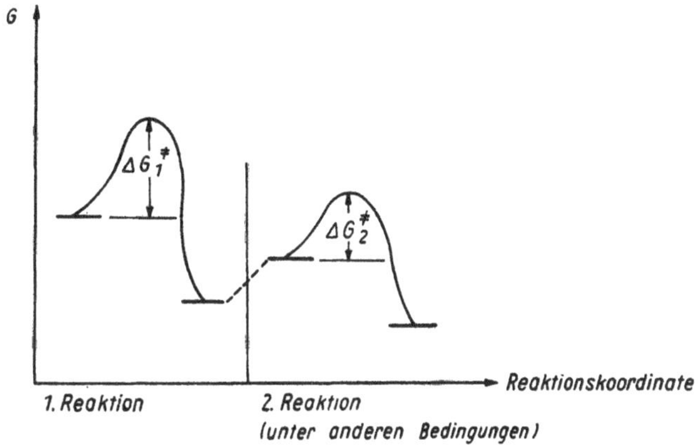

Abb. 2. Reaktionsablaufdiagramm einer in zwei getrennten Schritten verlaufenden Umsetzung

der folgenden Gleichung ist ein Beispiel für eine solche zweistufige Umsetzung.

$$R{-}J + Mg \xrightarrow{(Et_2O)} R{-}MgJ; \quad R{-}MgJ + R'{-}C\begin{smallmatrix}{=}O\\ {-}H\end{smallmatrix} \rightarrow R'{-}\underset{H}{\overset{OMgJ}{C}}{-}R$$

Die in dieser Gleichung nicht ausgewiesene Hydrolyse des Halogenomagnesiumalkoholats zum sekundären Alkohol würde eine dritte Reaktionsstufe darstellen.

In vielen Fällen ist die thermodynamische Stabilität des Reaktionsproduktes eines Reaktionsschrittes so gering, daß es noch im gleichen Reaktionssystem weiterreagiert, wobei oft je nach

— Struktur der Reaktionsprodukte
— Struktur des Substrats
— Reaktionsmedium
— Temperatur
— Konzentrationsverhältnissen

unterschiedliche Möglichkeiten der Weiterreaktion dominieren. Das Produkt eines Reaktionsschrittes ist somit zu einer reaktiven Zwischenstufe geworden. Das heißt, daß durch die genannten Einflüsse auf die reaktiven Zwischenstufen die Art und die Verteilung der Endprodukte beeinflußt wird (vgl. Abb. 3).

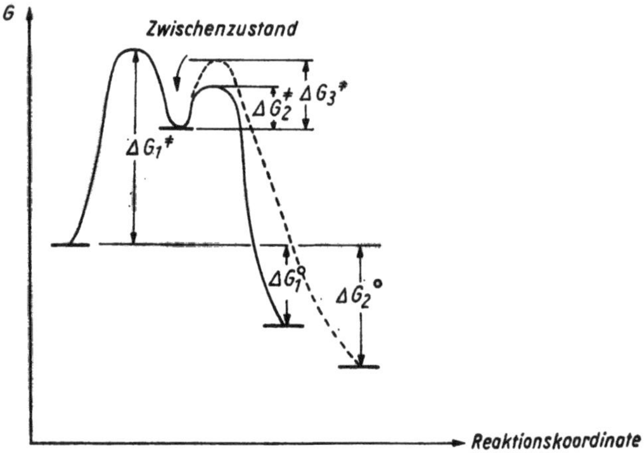

Abb. 3. Reaktionsablaufdiagramm einer Zweischrittreaktion mit reaktiver Zwischenstufe

Für den Punkt auf dem Reaktionsablaufdiagramm der stofflich einer reaktiven Zwischenstufe (engl.: „intermediate") während einer Reaktionsfolge entspricht, findet man auch häufig die Bezeichnung „Zwischenzustand", die dem thermodynamischen Bild des Reaktionsablaufes als Differenz von Zustandsänderungen in der Folge „Ausgangszustand - Übergangszustand - Zwischenzustand-Endzustand" entspricht. Die Weiterreaktion der reaktiven Zwischenstufe kann über Übergangszustände unterschiedlicher Energie zu verschiedenen Reaktionsprodukten erfolgen. Wegen der verschiedenen Reaktionsmöglichkeiten kommt demnach den reaktiven Zwischenstufen die Funktion von „Schaltstationen" im Ablauf vieler organischer Reaktionen zu, sie besitzen also einen Relaischarakter. Im oben dargestellten Reaktionsablaufdiagramm ist die höchste freie Standardaktivierungsenergie für den zweiten Reaktionsschritt $\Delta G_3^{\neq}$ wesentlich kleiner als $\Delta G_1^{\neq}$ für den ersten Schritt, so daß dieser der langsamere und damit geschwindigkeitsbestimmende der Gesamtreaktion ist.

Die Bildung von zwei Reaktionsprodukten aus einer Zwischenstufe, wie sie in Abb. 3 dargestellt ist, soll am Beispiel einer bekannten Reaktion erläutert werden. Die Addition von Halogenwasserstoffen an Diene kann sowohl als 1.4- als auch als 1.2-Addition verlaufen, wobei je nach den Reaktionsbedingungen die eine oder die andere Richtung bevorzugt wird. Nach Gl. (1) beginnt die Addi-

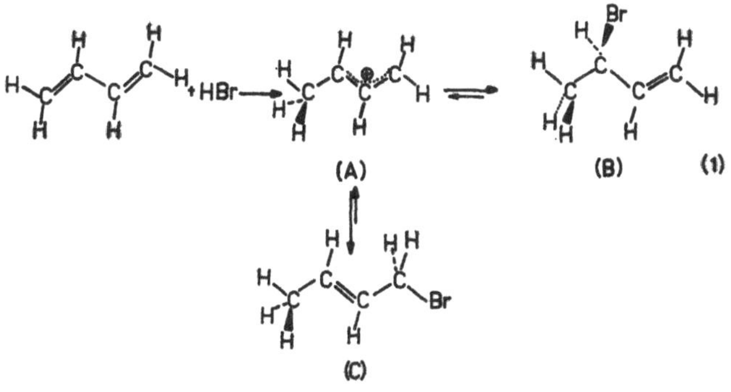

tion von HBr an Butadien mit dem Angriff des Protons am Doppelbindungssystem unter Bildung der Zwischenstufe (A). Die Anlagerung des Bromidions an das Allylkation (A) führt entweder zum 3-Brombut-1-en (B) oder zum 1-Brombut-2-en (C). Arbeitet man bei tiefer Temperatur, so entsteht das thermodynamisch ungünstigere (B) zu 90%, da dieser Reaktionsschritt eine geringere freie Standardaktivierungsenthalpie erfordert als der zum thermodynamisch günstigeren Δ_2-Olefin (C) führende Schritt (vgl. Abb. 3: $\Delta G_2^{\neq} < \Delta G_3^{\neq}$). Die Reaktion ist kinetisch kontrolliert. Das Δ_2-Olefin (C) entsteht jedoch zu 85%, wenn man das Reaktionsgemisch auf 40 °C erwärmt und eine Spur HBr zugibt. Man spricht in diesem Fall von thermodynamischer Kontrolle der Reaktion (vgl. Abb. 3: $-\Delta G_1^\circ < -\Delta G_2^\circ$). Voraussetzung ist jedoch, daß die zu den Produkten führenden Übergangszustände auch von diesen aus leicht erreichbar sind und so eine Gleichgewichtseinstellung nach Gl. (1) möglich wird.

Der Relaischarakter der reaktiven Zwischenstufen, der für die Durchführung von Synthesen sehr wichtig ist, läßt sich auch am Beispiel einer über ein Carbeniumion (vgl. Kap. 2.1.) verlaufenden asynchronen Solvolysereaktion verdeutlichen. Nach Schema 1 stabilisieren sich

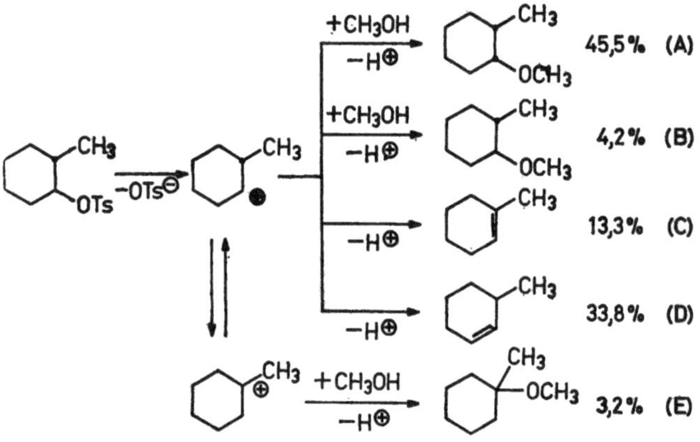

Schema 1. Solvolyse von trans-1-Methyl-cyclohexanol-2-toluensulfonat in Methanol

nur ca. 50% der im ersten Schritt durch Eliminierung des Tosylatrestes gebildeten Carbeniumionen durch Addition des Lösungsmittels unter Bildung der Additionsprodukte (A) und (B). Als weitere Stabilisierungsmöglichkeiten der Zwischenstufe und damit Konkurrenzreaktionen zur Addition treten Eliminierungen von Protonen unter Bildung von Olefinen (C) und (D) sowie eine Umlagerungsreaktion des Kations mit nachfolgender Addition des Lösungsmittels (E) auf.

Nicht nur die in Abb. 3 bzw. Gl. (1) verdeutlichte Bildung unterschiedlicher Produkte im Verlauf einer Bruttoreaktion ist damit charakteristisch für die Reaktionsmöglichkeiten reaktiver Zwischenstufen, sondern auch der häufig zu beobachtende Ablauf von Konkurrenzreaktionen, der ebenfalls zu einer Vielzahl von Produkten führen kann.

Bei genauer Untersuchung des Ablaufes einer Reaktion stellt sich heraus, daß selbst viele als Einschrittreaktionen formulierte Umsetzungen Mehrschrittprozesse darstellen. So treten zum Beispiel häufig vorgelagerte Protonierungen oder Protonenabspaltungen, besonders als Reaktionen mit dem Medium oder mit Katalysator-Cokatalysatorsystemen auf. Das bedeutet, daß die eigentlich reagierenden Spezies aus der Reaktion vorgelagerten Gleichgewichten entstehen (vgl. Schema 2).

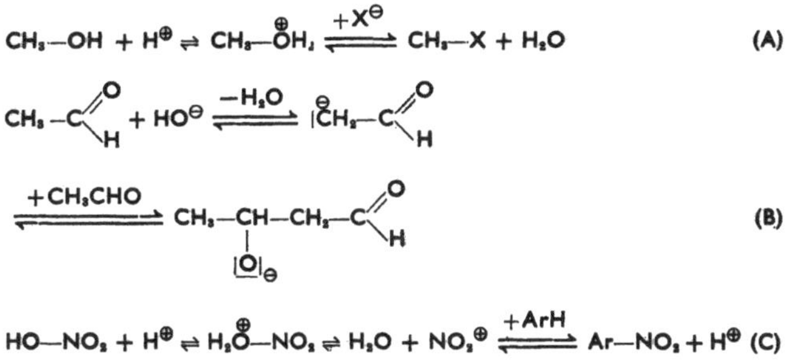

Schema 2. Beispiele für die Bildung reaktiver Spezies aus vorgelagerten Gleichgewichten

Die Protonierung des Alkohols nach (A) unter Bildung eines Oxoniumions ist immer der erste Schritt bei der Reaktion mit einer Säure. Wie sich jedoch die Änderung der Reaktionsbedingungen, z. B. der Temperatur und der Konzentrationsverhältnisse, auf den weiteren Ablauf der Reaktion auswirken, läßt sich am Beispiel der Umsetzung von Ethanol mit Schwefelsäure zeigen (vgl. Schema 3).

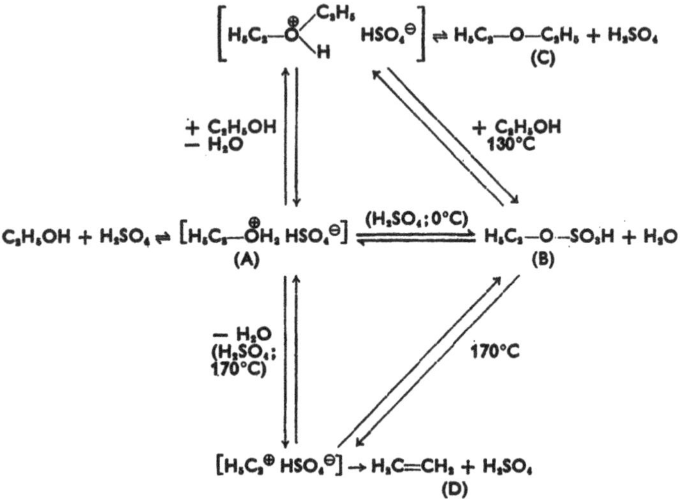

Schema 3. Reaktionsmöglichkeiten bei der Umsetzung von Ethanol mit Schwefelsäure

Beim equimolaren Umsatz von konzentrierter Schwefelsäure im Überschuß mit Ethanol bei 0 °C entsteht quantitativ der saure Schwefelsäureester (B) aus dem Oxoniumion (A) durch eine Substitution im Ionenpaar. Bei höheren Temperaturen und einem Überschuß an Ethanol tritt dieses als nucleophiler Konkurrent auf, wobei in einer Substitutionsreaktion über ein Diethyloxoniumion der Diethylether (C) entsteht. Wird dagegen die Schwefelsäure im Überschuß eingesetzt und bei Temperaturen oberhalb 170 °C gearbeitet, so entsteht durch Eliminierung eines Protons als Hauptreaktionsprodukt das Ethen (D), wobei durch den Säureüberschuß das Wasser gebunden und so eine Rückreaktion verhindert wird.

Als weitere Möglichkeit können den zu chemischen Veränderungen führenden Reaktionsschritten Komplexbildungen der Reaktionspartner miteinander vorgelagert sein, die als erster Schritt der elektronischen Umgruppierungen aufzufassen sind.

Insgesamt erhalten wir ein Spektrum von Zwischenstufen, das von den thermodynamisch stabilen Zwischenprodukten im technologischen Sinn über hochreaktive Verbindungen, die als Vorstufen hergestellt und sofort weiterverarbeitet werden, bis zu den im Ablauf von Mehrschrittreaktionen kurzzeitig auftretenden und valenzmäßig nicht abgesättigten reaktiven Zwischenstufen reicht (vgl. Schema 4).

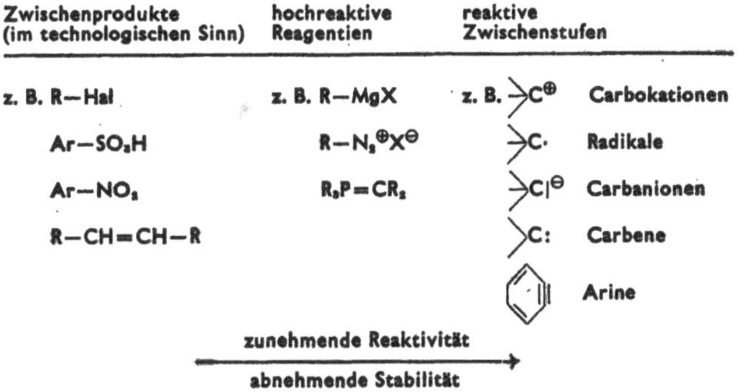

Schema 4. Beispiele für Zwischenprodukte, hochreaktive Reagenzien und reaktive Zwischenstufen im Ablauf organischer Reaktionen

Nur die letzteren, die im Verlauf komplexer Reaktionen aus dem Substrat gebildet werden können, sollen hier behandelt werden. Damit liegt naturgemäß das Hauptgewicht auf der Betrachtung von reaktiven Zwischenstufen mit Kohlenstoff als aktivem Zentrum. Ihre Struktur ist offensichtlich in ihren wichtigsten Ausgangsstoffen vorgebildet, entscheidend ist die Polarität der reagierenden Bindungen (vgl. Schema 5).

Analog sind die häufig auftretenden Heteroatome O, N, S in der Lage, reaktive Zwischenstufen zu bilden, die den entsprechenden C-Zwischenstufen strukturell entsprechen. Sie sollen deshalb gemeinsam mit diesen behandelt werden.

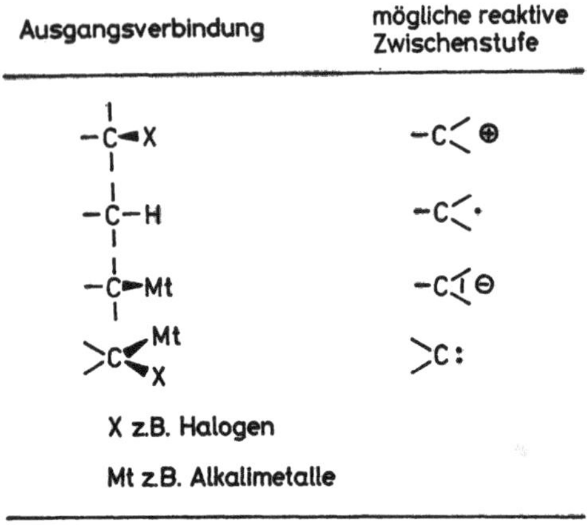

Schema 5. Bildungsmöglichkeiten reaktiver Zwischenstufen

1.2. Nachweis reaktiver Zwischenstufen

Reaktive Zwischenstufen lassen sich sehr viel leichter postulieren als aufgrund ihrer meist geringen Lebensdauer und niedrigen Konzentration exakt nachweisen. Kaum eine der Möglichkeiten des Nachweises, die an einzelnen Beispielen im folgenden besprochen werden sollen, kann als Beweis für ihre Existenz dienen, erst der wiederholte Hinweis aus verschiedenartigen Experimenten macht reaktive Zwischenstufen wahrscheinlich. Während bei der Besprechung der einzelnen Zwischenstufen deren Nachweis anhand verschiedener Möglichkeiten geführt werden soll, ist dieser Abschnitt den Nachweismethoden selbst gewidmet, die durch einige ausgewählte Beispiele näher erläutert werden.

Prinzipiell kann man zwischen direkten und indirekten Nachweismöglichkeiten unterscheiden, wobei zu den direkten nur die physikalischen zu zählen sind. Chemische Nachweise sind immer indirekt, da hier aus den Reaktionsprodukten ein Rückschluß auf die Natur der Zwischenstufe gezogen werden muß. Weil kinetischen Untersuchungen zur Aufklärung von Reaktionsmechanismen und damit auch zum Nachweis von Zwischenstufen eine sehr große Bedeutung zukommt, unterscheidet man sie deshalb von nichtkinetischen Methoden. In Tab. 1 sind die gebräuchlichsten Nachweismethoden für reaktive Zwischenstufen zusammengestellt.

Tabelle 1
Nachweismethoden reaktiver Zwischenstufen

Direkter Nachweis	Indirekter Nachweis
UV-, VIS-, IR-Spektroskopie	Nichtkinetische Methoden
ESR-, NMR-Spektroskopie	Art und Verteilung der Reaktionsprodukte
ESCA-Spektroskopie	Abfangreaktionen
Dipolmomentbestimmungen	Isotopenmarkierung
Leitfähigkeitsmessungen	Stereochemische Untersuchungen
Pulsradiolyse	Kreuzungsexperimente
Flashphotolyse	Kinetische Methoden

1.2.1. Direkter Nachweis

1.2.1.1. UV-VIS-Spektroskopie

Löst man Styren und Tetracyanoethylen in einem Lösungsmittel, z. B. CCl_4, und nimmt von beiden farblosen Lösungen ein Spektrum im ultravioletten und sichtbaren Spektralbereich auf, so stellt man fest, daß beide Verbindungen jeweils nur im UV-Bereich absorbieren (vgl. Abb. 4). Vereinigt man jedoch beide Komponenten, so ist ihre Lösung farbig und im Spektrum entsteht eine zusätzliche Absorptionsbande bei 21000 cm^{-1}, die durch einen Elektronen-Donor-Acceptor-Komplex (EDA-Komplex) zwischen beiden Komponenten verursacht wird. Zur genauen Kennzeichnung der Wechselwirkung zwischen den Komponenten gibt man die Art der beteiligten Orbitale des Acceptors und des Donors mit an. Da im angegebenen Fall das vom Donormolekül auf den Accep-

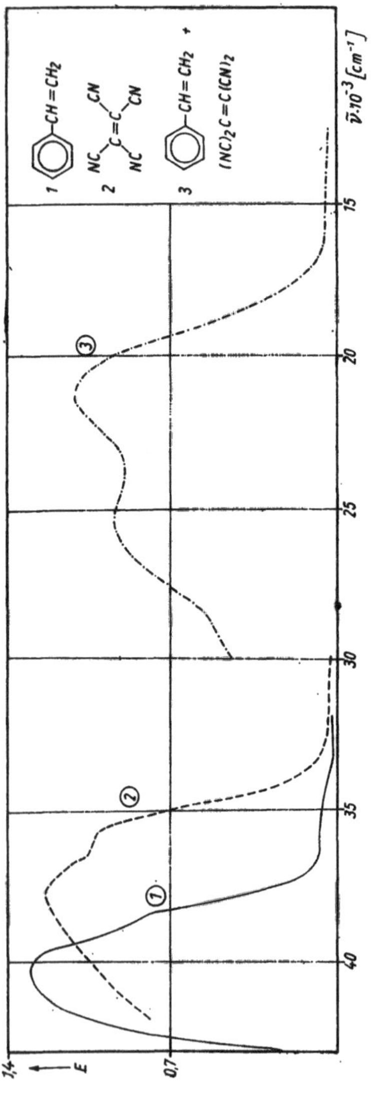

Abb. 4. UV-VIS-Spektren von Styren, Tetracyanoethylen und Styren + Tetracyanoethylen in 1.2-Dichlorethan

tor übertragene Elektron aus dem höchsten besetzten bindenden π-Molekülorbital stammt und in das niedrigste antibindende π-Orbital des Acceptormoleküls aufgenommen wird, spricht man von einem *bπ-aπ*-Komplex. Damit ein solcher Elektronenübergang erfolgen kann, müssen sich beide Komponenten auf eine Entfernung von ca. 0,3 nm nähern.

Das Gleichgewicht

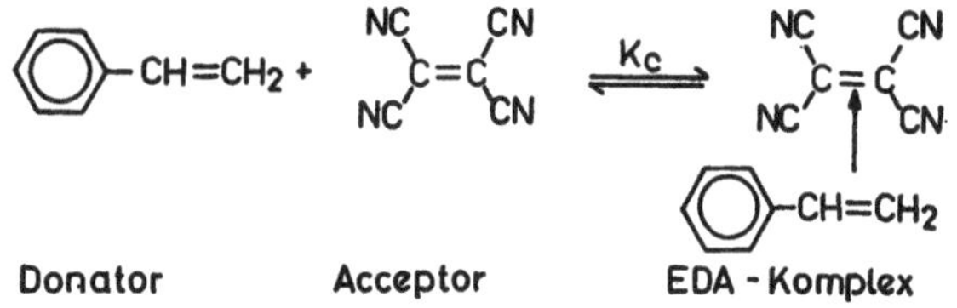

ist reversibel, was durch Messungen der Temperaturabhängigkeit der Extinktion festgestellt werden kann. In Tab. 2 sind einige Gleichgewichtskonstanten von EDA-Komplexen p-substituierter Styrene mit Tetracyanoethylen sowie die Lage der langwelligsten Absorptionsmaxima der Komplexe angegeben.

Tabelle 2
Gleichgewichtskonstanten K_c und Absorptionsmaxima von EDA-Komplexen *p*-substituierter Styrene mit Tetracyanoethylen

Substituent	K_c [$l \cdot mol^{-1}$]	$\tilde{\nu}_{CT/max}$ [cm^{-1}]
CN	–	29.200
Br	0,2	21.000
H	0,4	20.900
CH_3	1,0	18.600
CH_3O	4,0 (CCl_4)	17.200

Lösungsmittel: 1.2-Dichlorethan; T: 25 °C
[Styrene]: 0,15 – 0,45 mol/l; [TCNE]: $4 \cdot 10^{-3}$ mol/l

Da an der Struktur des Donormoleküls nur in der p-Position Veränderungen vorgenommen werden, ist es offensichtlich, daß sowohl K_c als auch $\tilde{\nu}$ von der Art des Substituenten abhängen. Elektronenanziehende Substituenten wie die Cyanogruppe bzw. die Halogene (positive σ_p-Werte nach HAMMETT) erschweren, elektronenabgebende Substituenten wie Alkylgruppen (negative σ_p-Werte) erleichtern den Elektronenübergang vom Donor zum Acceptor. Wie experimentell festgestellt werden kann, ergibt die Abhängigkeit der Lage des *CT*-Übergangs bzw. das daraus nach

$$h \cdot \tilde{\nu}_{CT} = I_p - C_1 + \frac{C_2}{I_p - C_1}$$

C_1, C_2: Elektronenaffinitätsparameter
für den Acceptor berechnete Ionisationspotential I_p der Donoren von den HAMMETTschen Substituentenkonstanten σ_p eine lineare Korrelation.

Mit zunehmendem Elektronendruck des Substituenten verschiebt sich auch das Gleichgewicht auf die Seite der Komplexe.

Neben der stark bathochromen Verschiebung des Absorptionsmaximums auf 17200 cm^{-1} bewirkt die Einführung der p-Methoxygruppe auch eine Erhöhung der Reaktivität der Doppelbindung. In einer (2 + 2)-Cycloaddition entsteht aus beiden Komponenten nach der folgenden Gleichung 1.1.2.2.-Tetracyano-3-(p-methoxyphenyl)-cyclobutan, wobei die zuerst auftretende blaue Farbe des Komplexes während der Reaktion verschwindet.

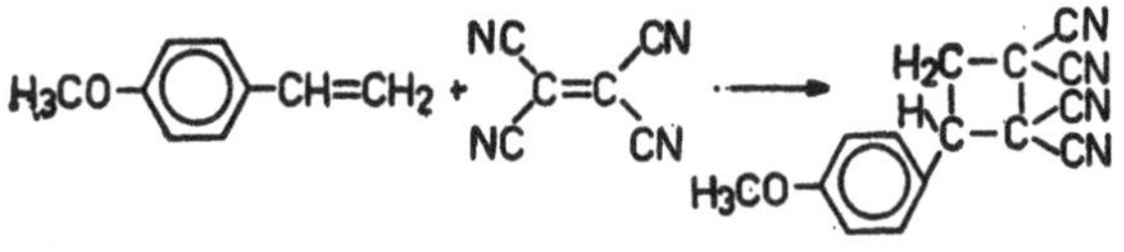

Die der Komplexkonzentration proportionale Extinktion E ist also zeitabhängig (vgl. Abb. 5). So war es nur mit Hilfe kinetischer Messungen möglich, die „Gleichgewichtskonstante" für die Komplexbildung zu bestimmen.

Untersuchungen der elektrophilen Halogenaddition an Olefine lieferten Ergebnisse, die die Anordnung der

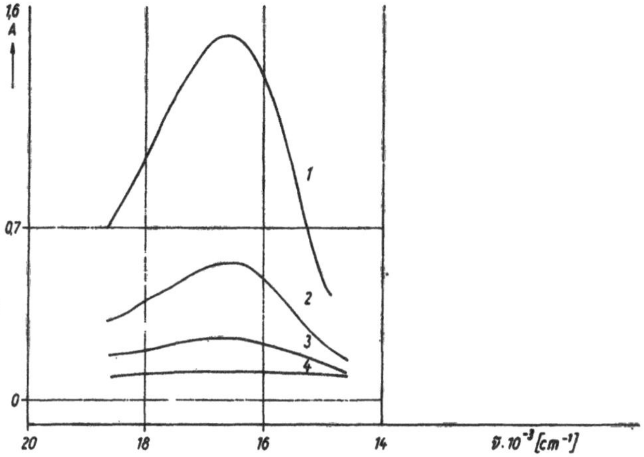

Abb. 5. Zeitliche Änderung der Absorption eines EDA-Komplexes aus p-Methoxystyren und Tetracyanoethylen
1: sofortige Registrierung nach Vereinigung der Komponenten
2: nach 3 Minuten *3*: nach 6 Minuten *4*: nach 10 Minuten
[Styren] = [TCNE] = $5 \cdot 10^{-3}$ mol/l

Halogene in einer Reihe steigender Reaktivität vom Jod über Brom und Chlor zum Fluor zulassen. Während Fluor mit Olefinen so heftig reagiert, daß es zur Spaltung der Kohlenstoffkette kommt, ist die Umsetzung z. B. von Cyclohexen mit Jod unter den bei der Brom- und Chloraddition üblichen Bedingungen nicht zu verwirklichen. Es stellt sich vielmehr das Gleichgewicht

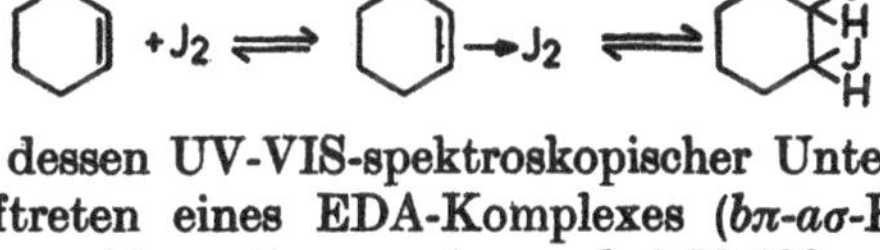

ein, bei dessen UV-VIS-spektroskopischer Untersuchung das Auftreten eines EDA-Komplexes ($b\pi$-$a\sigma$-Komplex) mit einem Absorptionsmaximum bei 33.100 cm^{-1} nachgewiesen werden konnte. Aus der Temperaturabhängigkeit der Gleichgewichtskonstanten konnte die Bildungsenthalpie $-\Delta H_x$ des Komplexes zu 9,97 kJ/mol ermittelt worden.

Von Interesse ist natürlich die Frage, ob bei Halogenadditionen an Doppelbindungen die EDA-Komplexbildung immer erfolgt und welche Rolle sie bei dieser Reaktion spielt. Wegen der weitaus höheren Reaktionsgeschwindigkeit — man denke nur an den qualitativen Nachweis von Doppelbindungen durch Bromaddition — und der Irreversibilität der Reaktion ist der Beweis bei der Brom- und Chloraddition sehr viel schwerer zu führen. Mit Hilfe einer „spektro-kinetischen" Untersuchungsmethode ist es jedoch möglich, Spektren der EDA-Komplexe von Chlor und Brom mit verschiedenen Olefinen aufzunehmen. Folgende Voraussetzungen sind zur Registrierung der Spektren notwendig:

1. Schnelle Durchmischung der Komponenten innerhalb von ca. 0,1 s.
2. Registrierung des Spektrums innerhalb einer Minute.
3. Optimale Konzentrationsbereiche der Reaktionspartner (höhere Konzentrationen erhöhen zwar die Konzentration der EDA-Komplexe, verringern aber gleichzeitig die Halbwertszeit der Reaktion).

Als geeignete Lösungsmittel, die die Halbwertszeit erhöhen, haben sich die Freone 112 und 113 erwiesen, so daß es möglich ist, im System Brom/Pent-1-en das Spektrum direkt zu registrieren, wobei die Reaktion während der Aufnahme nur um etwa 1% fortschreitet.

Laufen die Reaktionen jedoch schnell ab, so muß das Spektrum der EDA-Komplexe Punkt für Punkt aufgenommen werden, indem in einer Vielzahl von Versuchen nach der Vermischung der Komponenten die Anfangsabsorptionen bei unterschiedlichen Wellenlängen bestimmt werden. Abb. 6 veranschaulicht die zeitliche Änderung der Absorption während der Bromaddition an Z-Pent-2-en am Absorptionsmaximum des EDA-Komplexes.

Obwohl der experimentelle Beweis für das Auftreten von EDA-Komplexen bei den genannten Reaktionen damit erbracht ist, kann keine Aussage getroffen werden, ob diese Komplexe in einer Folge- oder in einer Paral-

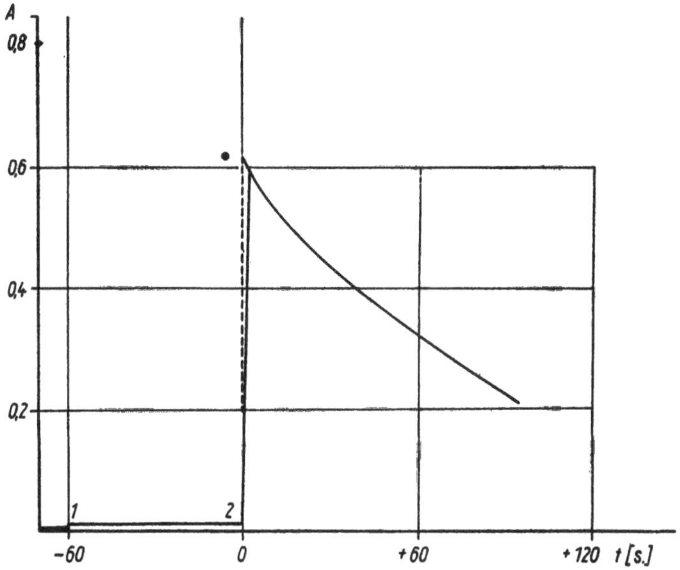

Abb. 6. Zeitliche Änderung der Absorption des Brom/Z-Pent-2-en-Komplexes

1: Injektion $[Br_2] = 1{,}61 \cdot 10^{-3}$ Mol/*l*
2: Injektion [Z-Pent-2-en] $= 9{,}31 \cdot 10^{-2}$ Mol/*l*
$\nu = 34.000\ \mathrm{cm}^{-1}$ *LM* = Freon 112 $T = (25 \pm 0,1)$ °C

lelreaktion entsprechend dem folgenden Schema gebildet werden.

$$A + D \underset{}{\overset{K}{\rightleftharpoons}} AD \xrightarrow{k} \text{Produkt} \tag{1}$$

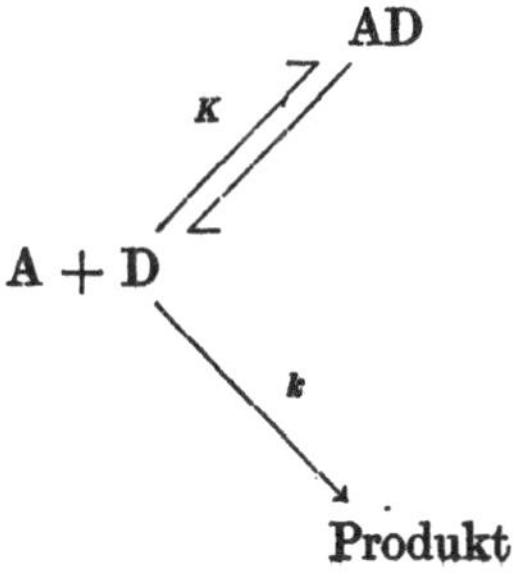

(2)

Welcher der beiden Reaktionsmöglichkeiten (1) oder (2) die größere Wahrscheinlichkeit zukommt, ist nur zu entscheiden, wenn gleichzeitig noch andere Methoden (z. B. kinetische) zur Untersuchung des Mechanismus herangezogen werden.

1.2.1.2. NMR-Spektroskopie

Bei einer Vielzahl von Reaktionen erfolgt der Bindungsbruch im Substratmolekül durch heterolytische Spaltung einer oder mehrerer Bindungen. Verbleiben die Bindungselektronen bei den austretenden Gruppen, so entstehen Carbeniumionen, die infolge ihrer hohen Reaktivität gegenüber Nucleophilen eine sehr kurze Lebensdauer besitzen und deshalb nur in geringen Konzentrationen im Reaktionsmedium vorhanden sind. Sie sind dann am einfachsten nachzuweisen, wenn sie durch innere (z. B. Ladungsdelokalisierung infolge Mesomeriemöglichkeiten) und äußere Faktoren (z. B. Lösungsmittel) stabilisiert werden können und sich damit ihre Lebensdauer erhöhen läßt. Eines der am längsten bekannten Beispiele für ein klassisches Carbeniumion ist das Triphenylmethylkation, das bereits kurz nach der Jahrhundertwende entdeckt wurde. Maßgebend dafür war die Erscheinung, daß Verbindungen des Typs $(C_6H_5)_3CX$ mit X=Cl oder Br in Benzonitril, Pyridin oder flüssigem SO_2 den elektrischen Strom leiten, wie es sonst von anorganischen Salzen bekannt ist.

Wesentlich schwieriger wird der Nachweis, wenn Carbeniumionen mit aliphatischen Substituenten erzeugt und nachgewiesen werden sollen, da hier innere stabilisierende Effekte wie die Verteilung der positiven Ladung über ein konjugiertes System nicht oder nur wenig wirksam sind. Stabile Carbeniumionen der aliphatischen Reihe konnten daher erst 1962 und auch nur unter extremen äußeren Bedingungen erzeugt und ihre Struktur bewiesen werden. Supersaure Lösungsmittel, zu denen u. a. SbF_5/

SO_2, SbF_5SO_2ClF und SbF_5/FSO_3H („magische Säure") zählen, bewirken eine Stabilisierung der Gegenanionen und verhindern deren Rückreaktion mit den Carbeniumionen. Sowohl durch Aufnahme der ^1H- als auch der ^{13}C-NMR-Spektren ist ein Beweis für die Existenz der Carbeniumionen möglich.

Die Erzeugung eines positiven Zentrums nach der Reaktion

$$R_3CCl + (SbF_5)_2 \rightarrow R_3C^{\oplus} + Sb_2F_{10}Cl^{\ominus}$$

hat eine Verschiebung der Protonenresonanzsignale im Spektrum zur Folge. Dabei wird die Abschirmung von Protonen, die sich in unmittelbarer Nachbarschaft zum positiven Zentrum befinden, stärker verringert als die der weiter entfernten Kerne. Abb. 7 zeigt die ^1H-NMR-Spektren von 2-Chlor-2-methylpropan, 2-Chlor-2-methylbutan und 2-Chlorpropan sowie die der aus diesen Verbindungen nach obiger Reaktionsgleichung erzeugten Ionen.

Während die Signale für die CH_3-Protonen der drei Ausgangsverbindungen im Bereich von $\delta = 1 \cdots 2$ ppm liegen, weisen die CH_3-Signale der entsprechenden Carbeniumionen wesentlich größere chemische Verschiebungen auf, d. h., sie erscheinen infolge der geringeren Abschirmung bei kleineren Feldstärken. Das dem positiven Zentrum unmittelbar benachbarte Proton im Isopropylkation (C) erfährt die größte Beeinflussung und damit die größte chemische Verschiebung ($\delta = 13$ ppm) gegenüber dem des entsprechenden 2-Chlorpropans. Dagegen weist die geringe Änderung der chemischen Verschiebung der CH_3-Protonen aus der Ethylgruppe des tert. Amylkations im Vergleich zum 2-Chlor-2-methylbutan (B) auf die schon große Entfernung dieser Gruppierung vom Carbeniumion hin.

Mit Hilfe einer besonderen Versuchsanordnung bei der NMR-Spektroskopie, der chemisch induzierten dynamischen Kernpolarisation (CIDNP), ist es möglich, kurzlebige Radikale (10^{-10} bis 10^{-8} s) aus der Natur der Reaktionsprodukte nachzuweisen. Ein während einer thermischen oder photolytischen Reaktion erzeugtes Radikal-

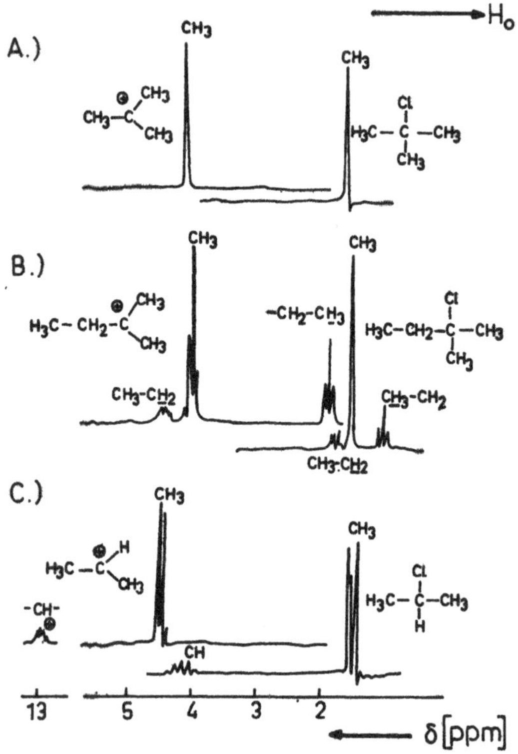

Abb. 7. ¹H-NMR-Spektren verschiedener aliphatischer Carbeniumionen im Vergleich mit den entsprechenden Ausgangsverbindungen

paar bildet neben den Reaktionsprodukten auch sogenannte Transferprodukte durch Reaktion mit dem Lösungsmittel bzw. nach erneuter Kombination über unkorrelierte Radikalpaare weitere Rekombinationsprodukte (vgl. Schema 6).

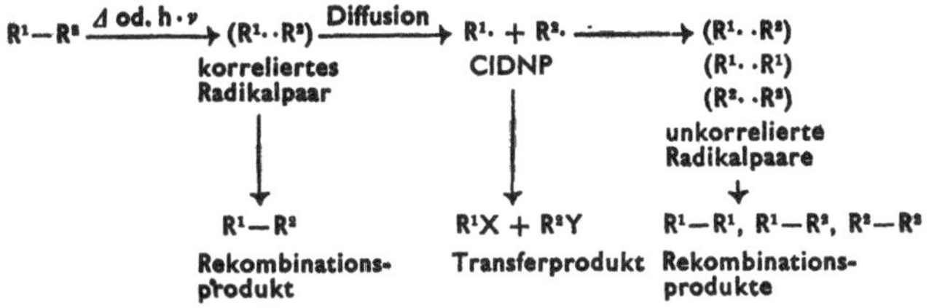

Schema 6. Reaktionsmöglichkeiten von Radikalen bei thermischen oder photolytischen Reaktionen

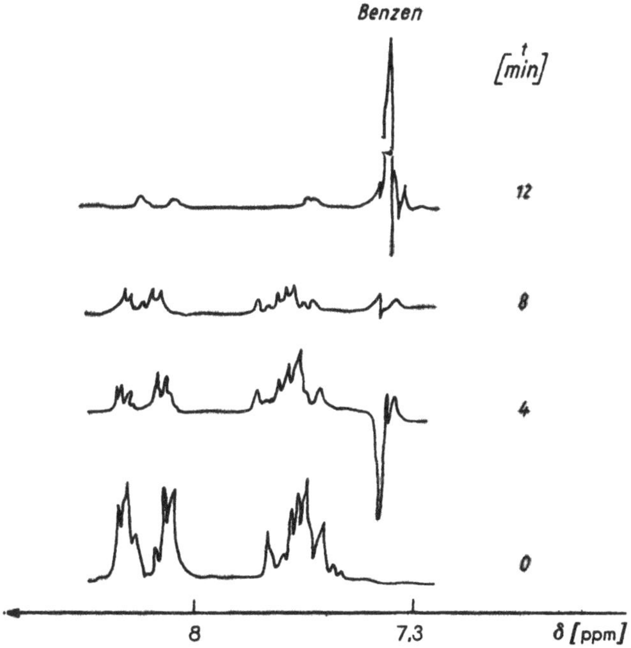

Abb. 8. ^{1}H-NMR-Spektren während des thermischen Zerfalls von Dibenzoylperoxid in Cyclohexanon (110 °C, 100 MHz)

Die aus den Radikalen entstehenden Transferprodukte zeichnen sich durch eine von der BOLTZMANN-Verteilung abweichende Besetzung der Kernspinniveaus aus und werden dann im Spektrum durch ein Emissions- oder verstärktes Absorptionssignal charakterisiert. Abb. 8 zeigt die ^{1}H-NMR-Spektren während des thermischen Zerfalls von Dibenzoylperoxid in Cyclohexanon.

Nach einer Reaktionszeit von $t = 4$ min erscheint im Spektrum ein Emissionssignal bei $\delta = 7{,}3$ ppm, das den Protonen des als Reaktionsprodukt entstehenden Benzens entspricht. Nach der CIDNP-Theorie kann das Auftreten des Emissionssignals bei der Thermolyse von Dibenzoylperoxid nur durch eine Reaktion erklärt werden, die über das Radikalpaar verläuft:

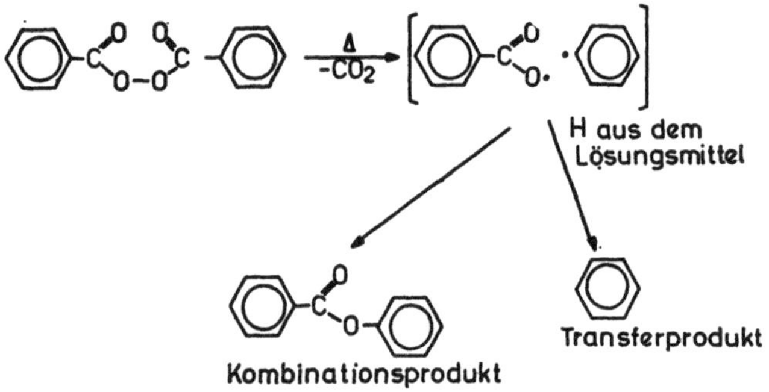

1.2.1.3. *ESR-Spektroskopie*

Verlaufen Reaktionen an Bindungen geringer Polarität, so ist mit einer homolytischen Bindungsspaltung und mit dem Auftreten von Radikalen als reaktive Zwischenstufen zu rechnen. Zu ihrem Nachweis ist die ESR-Spektroskopie wegen ihrer großen Empfindlichkeit (bis zu 10^{-11} mol Radikale können in günstigen Fällen nachgewiesen werden) und der Zahl von Informationen, die man aus einem Spektrum erhalten kann, sehr gut geeignet.

Aufgrund seiner Stabilität war das Triphenylmethylradikal das erste Radikal, das von Gomberg bereits 1900 durch die folgende Reaktion dargestellt werden konnte:

$$(C_6H_5)_3CCl + Ag \rightarrow (C_6H_5)_3C\cdot + AgCl$$

Aufgrund sterischer Behinderungen erfolgt die Rekombination zweier Triphenylmethylradikale nicht zum Hexaphenylethan, sondern nach der folgenden Gleichung:

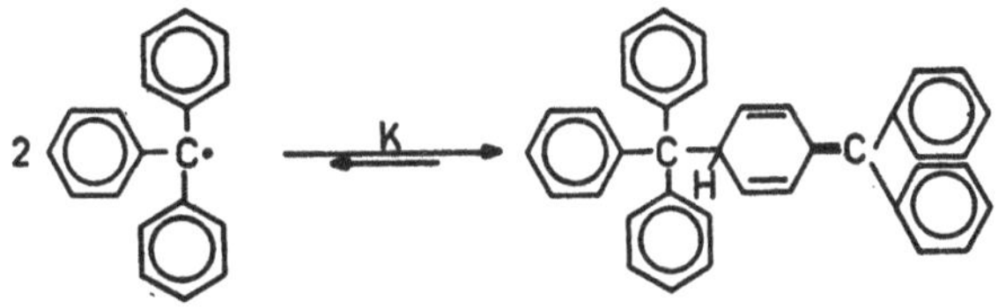

wobei als Aktivierungsenergie für die Hinreaktion 29,3 kJ/mol ermittelt wurden. Im Gleichgewicht ($K = 5 \cdot 10^3$) liegen dann etwa 1,5% Triphenylmethylradikale vor. Wenn eine Wechselwirkung des freien Elektrons mit allen Protonen der drei Phenylringe erfolgt, so ist mit 196 Linien im Spektrum zu rechnen. Da über 100 Hyperfeinstruktur-Linien sichtbar gemacht werden konnten, kann angenommen werden, daß das Elektron auch in den Phenylringen eine endliche Aufenthaltswahrscheinlichkeit besitzt. Anhand der Kopplungskonstanten lassen sich die Spindichten an den C-Atomen der Phenylringe ermitteln.

Eine Reihe ungesättigter Verbindungen, z. B. Butadien und Styren, sind auf anionischem Weg in Polymere überführbar (vgl. Kap. 3.). Als Initiatoren können u. a. Alkalimetalle und Naphthalin-Natrium verwendet werden. Durch eine Elektronenübertragung zum Monomer erfolgt die Bildung eines Radikalanions, das bereits nach kurzer Zeit dimerisiert und als Dianion mit weiteren Monomermolekülen Makromoleküle bildet. Die Radikalanionen lassen sich trotz ihrer geringen Lebensdauer als reaktive Zwischenstufen durch ihr ungepaartes Elektron mit Hilfe der ESR-Spektroskopie nachweisen, so auch im Fall der durch Natrium initiierten Polymerisation des Butadiens oder bei der Styrenpolymerisation mittels Naphthalen-Natrium. Abb. 9 zeigt das ESR-Spektrum des Butadien-Anionenradikals, dessen Hyperfeinstruktur durch Kopplung des Elektrons mit den vier äquivalenten Protonen der $=CH_2$-Gruppen zu fünf Linien im Spektrum (o) entstanden ist, deren Intensitäten 1:4:6:4:1 (Koeffizienten des PASCALschen Dreiecks) betragen.

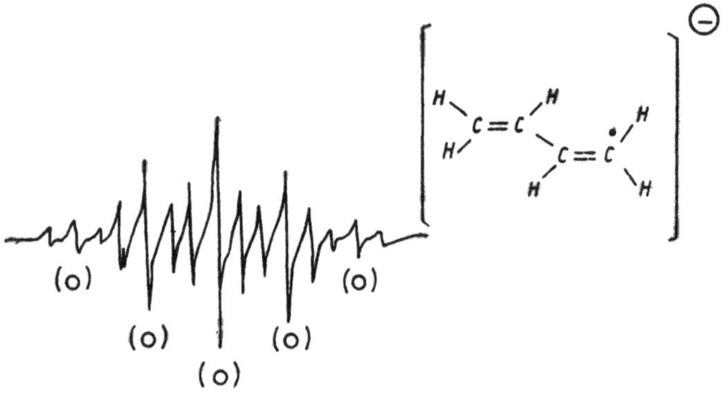

Abb. 9. ESR-Spektrum des Butadien-Anionenradikals

Die aus dem Spektrum ersichtliche weitere Aufspaltung der fünf Linien des Tripletts (Intensitäten 1:2:1), die sich nur durch die zusätzliche Kopplung des Elektrons mit den beiden $=CH$-Protonen erklären läßt, ist ein eindeutiger Beweis für die Delokalisierung des Elektrons über das ganze Molekül.

1.2.1.4. Blitzlicht- und Laser-Photolyse

Bei einer Vielzahl von Reaktionen besitzen die dabei gebildeten Zwischenstufen extrem kurze Lebensdauer, so daß die herkömmlichen spektroskopischen Methoden wegen ihrer zu geringen Zeitauflösung nicht zum Nachweis der Zwischenstufen geeignet sind. Mitunter ist es möglich, auf photochemischem Weg reaktive kurzlebige Zwischenstufen zu erzeugen, die auch bei thermischen Reaktionen auftreten. Seit der Einführung von Impulsmethoden, z. B. der Blitzlichtphotolyse und der Laserimpulsspektroskopie, lassen sich selbst dann noch Radikale, Carbeniumionen, andere elektronendefizite Zwischenstufen wie Carbene und Nitrene sowie kurzlebige Reaktionsprodukte und angeregte Zustände nachweisen und spektroskopisch charakterisieren, wenn ihre Lebensdauer zwischen 1 und 10^{-12} s liegt. Voraussetzungen dafür sind, daß die Zwischenstufen in einer über der Nachweisgrenze der Methode liegenden Konzentration entstehen und „langlebiger“ sind als die Zeitauflösung der Methode. Bei den beiden genannten Arbeitstechniken wird mit Hilfe eines Licht- oder Laserimpulses die Reaktion ausgelöst und infolge der hohen eingestrahlten Energie kurzzeitig eine hohe Konzentration der kurzlebigen Zwischenstufen erzeugt. Kurze Zeit nach dem Impuls wird die Probe bzw. Reaktionsmischung mit monochromatischem Licht geringerer Energie durchstrahlt und die zeitliche Veränderung der Extinktion bei einer Wellenlänge gemessen. Durch punktweises Abtasten erhält man so das Gesamtspektrum der Zwischenstufe und dessen zeitliche Änderung. Es ist auch möglich, nach dem Impuls polychromatisches Licht einzustrahlen und das Absorptionsspektrum der Zwischenstufe mit Hilfe eines Spektrographen zu registrieren. Die Veränderungen des Zeitabstandes zwischen Impuls und der Einstrahlung des polychromatischen Lichtes gibt dann Aufschluß über die zeitliche Änderung des Spektrums. Somit erlauben es die genannten Methoden, reaktive Zwischenstufen mit ihren spektroskopischen und kinetischen Eigenschaften zu charakterisieren. Bei Untersuchungen der Addition von Alkoholen an Olefine, z. B. vom „Michler's Ethylen“-Typ, läßt sich in neutralen alkoholischen Lösungen mit Hilfe der UV-Spektroskopie ein Gleichgewicht zwischen dem Olefin (A) und dem

Carbinolether (B) nachweisen, dessen Lage von der Art der Substituenten R_1 und R_2 abhängig ist.

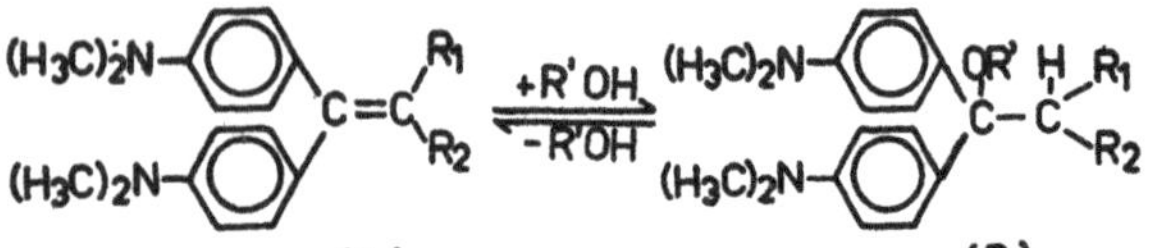

Abb. 10 zeigt die UV-Spektren des 1.1-Bis[p-dimethylaminophenyl]-ethylens, das bei 296 nm absorbiert und des durch Addition von Ethanol gebildeten Carbinolethers mit einem Absorptionsmaximum bei 266 nm und deren zeitliche Veränderung.

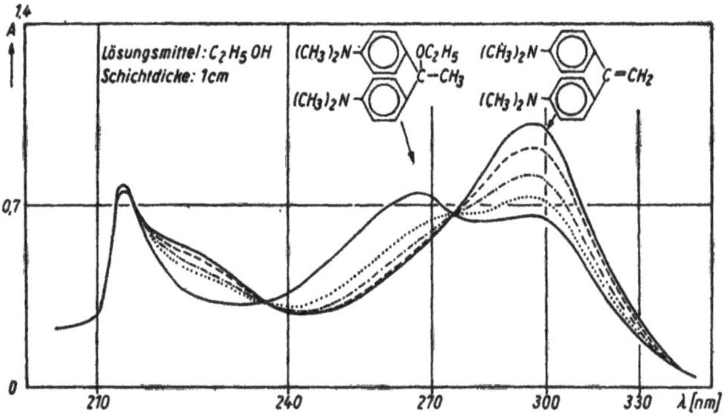

Abb. 10. UV-Spektren von 1.1-Bis-p-dimethylaminophenyl-ethylen und von 1.1-Bis-p-dimethylaminophenyl-1-ethoxy-ethan

Ob die Reaktion nach einem synchronen Mechanismus oder über eine Zwischenstufe abläuft, kann auf diese Weise nicht entschieden werden. Mit Hilfe der Blitzlichtphotolyse läßt sich jedoch eine Zwischenstufe nachweisen, die durch Protonierung des Olefins entstanden ist und ein Absorptionsmaximum bei 590 nm aufweist. Die ionische Natur der Zwischenstufe wird auch durch die beobachtete Leitfähigkeitsänderung bewiesen, die dem Absorptionssignal folgt. Da in genügend saurem Medium dieselbe Spezies entsteht, kann angenommen werden, daß es sich hier um die gleiche Zwischenstufe handelt, die auch bei thermischen Reaktionen auftritt. Gestützt durch kinetische Daten sollte demnach das folgende Reaktionsschema die experimentellen Befunde besser wiedergeben.

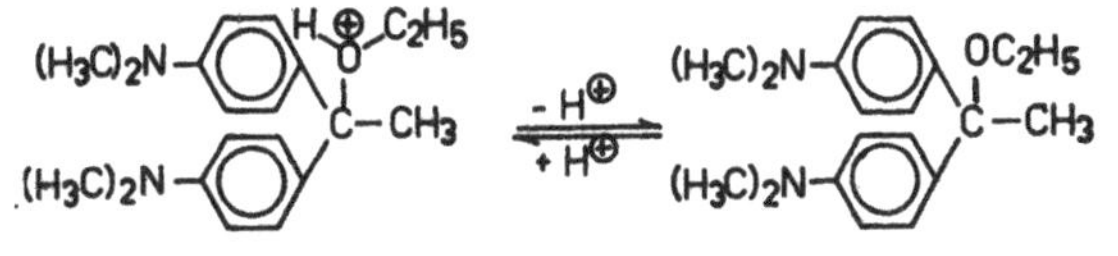

Kurzlebige Zwischenstufen treten unter anderem auch bei solchen Photochromiereaktionen auf, bei denen die Reaktionsprodukte mit den Ausgangsstoffen in einem Gleichgewicht stehen. Bestrahlt man zum Beispiel 2.2′.4.4′.-Tetranitro-diphenylmethan mit einem Laserimpuls der Wellenlänge 437 nm in Heptan als Lösungsmittel, so beobachtet man bereits während der Bestrahlung (~20 ns) eine kurzlebige Spezies mit einer Absorption im Bereich von 500—600 nm. In Alkoholen, z. B. Ethanol oder Pròpanol, wird zusätzlich eine zweite farbige Spezies mit einer Absorption zwischen 600 und 700 nm gefunden, die sich in ihrer Lebensdauer von der ersten sehr stark unterscheidet. Während die erste innerhalb von etwa 400 ns verschwindet, wird zur gleichen Zeit die Absorptionsbande der langlebigen Spezies aufgebaut. Da deren

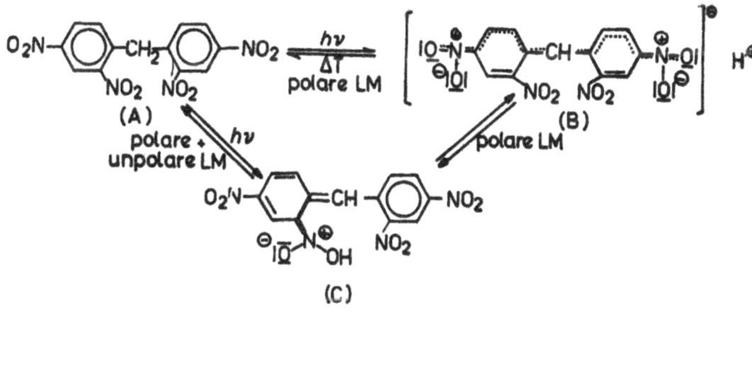

thermische Rückreaktion zu (A) sehr langsam erfolgt, kann man sie mit Hilfe konventioneller spektroskopischer Methoden sehr gut untersuchen und ihr die Polymethinstruktur (B) zuschreiben.

Da andere farbige Spezies sowie Triplet-Zustände als Zwischenstufen ausgeschlossen werden können, handelt es sich bei der kurzlebigen Spezies um die aci-Nitro-Form (C).

1.2.2. Indirekter Nachweis

1.2.2.1. Art und Verteilung der Reaktionsprodukte

Einer der ersten und auch der wichtigsten Schritte zur Aufklärung des Ablaufs einer Reaktion und damit zum Nachweis reaktiver Zwischenstufen ist die vollständige Identifizierung der Reaktionsprodukte und die Ermittlung ihres Anteils an der Gesamtmenge der Produkte. Ein relativ einfaches Beispiel ist die nach einem S_N1-Mechanismus verlaufende alkalische Hydrolyse von 1-Chlor-but-2-en und 3-Chlor-but-1-en, die im folgenden Reaktionsschema dargestellt ist.

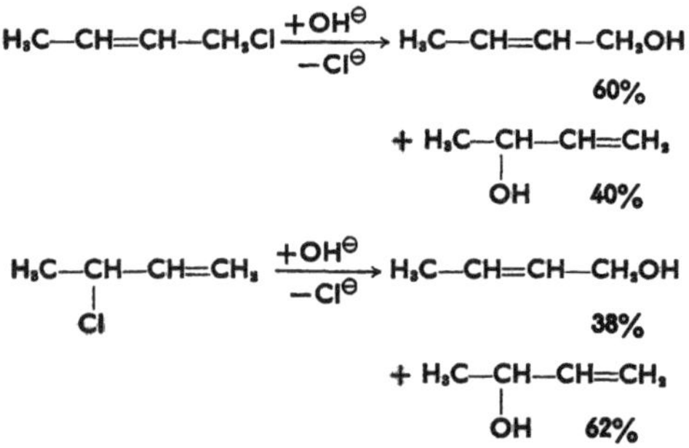

In beiden Fällen liefert die nucleophile Substitution des Chlors die gleichen Produkte, doch in unterschiedlichen, von der Ausgangsverbindung vorgeprägten Mengen. Als

Zwischenstufe tritt in beiden Reaktionen ein mesomeriestabilisiertes Carbeniumion auf,

$$H_3C{-}CH{=}CH{-}\overset{\oplus}{C}H_2 \longleftrightarrow H_3C{-}\overset{\oplus}{C}H{-}CH{=}CH_2$$

in dem die C-Atome 1 und 3 positiviert sind und der nucleophile Angriff des $OH^{\ominus}$ damit an diesen Stellen erfolgt. Aus beiden Halogenverbindungen sollten die Alkohole in gleichen Mengen entstehen. Offensichtlich tritt die OH-Gruppe jedoch bevorzugt an der Stelle in das Molekül ein, an der sich ursprünglich das Halogenatom befand. Diese Tatsache läßt den Schluß zu, daß es sich nicht um ein freies Ion, sondern um ein Ionenpaar als reaktive Zwischenstufe handelt.

1.2.2.2. Isolierung von Zwischenstufen

In einigen Fällen ist es möglich, im Reaktionsablauf auftretende Zwischenstufen zu isolieren und so einen genaueren Einblick in das Reaktionsgeschehen zu erhalten. Der Hoffmannsche Abbau der Carbonsäureamide zu primären Aminen verläuft nach dem folgenden Schema:

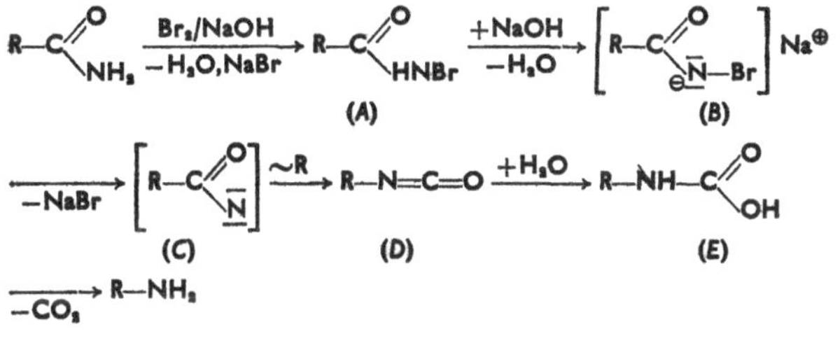

In diesem Schema stellen (*A*), (*B*), (*D*) und (*E*) hochreaktive Reagenzien dar, die man bei geeigneter Arbeitsweise isolieren — und damit charakterisieren — und anschließend zu einer weiteren Raktion wieder einsetzen kann. Werden dieselben Bedingungen angewendet, wie sie ohne „Unterbrechung" der Reaktion vorliegen, dann erfolgt die Weiterreaktion im obigen Sinn, womit der Beweis für das Auftreten dieser Stufen im Reaktionsverlauf erbracht ist. Bei (*C*) handelt es sich um eine „echte“ reaktive Zwischenstufe, deren Existenz durch Zuhilfenahme anderer Methoden wahrscheinlich gemacht werden muß. Da auch der LOSSEN-Abbau der Hydroxamsäuren und der CURTIUS-Abbau der Carbonsäureazide zu primären Aminen mit einem C-Atom weniger als in den Ausgangsverbindungen führen und bei diesen Reaktionen Isocyanate als Zwischenstufen isolierbar sind, kann man aus dem analogen Ablauf der Reaktionen den Schluß ziehen, daß nur eine Wanderung des Alkylrestes R aus (*C*) zu den Isocyanaten führen kann. Wenn R einen optisch aktiven Rest darstellt, so bleibt seine Konfiguration im Reaktionsprodukt erhalten. Daraus kann man auf einen synchronen Verlauf der Abspaltung des Halogenatoms aus (*B*) und der Alkylwanderung schließen. Wäre R im Umlagerungsschritt vollständig frei, so würde es zur Racemisierung kommen.

1.2.2.3. Abfangen von Zwischenstufen

Auch elektrophile Additionsreaktionen an olefinische Doppelbindungen sind als Mehrschrittreaktionen zu formulieren. Als geschwindigkeitsbestimmender Schritt der Reaktion wird die Bildung eines Carbeniumions angenommen, das dann mit einem Nucleophil schnell das Reaktionsprodukt bildet. Wird z. B. Brom an eine Dop-

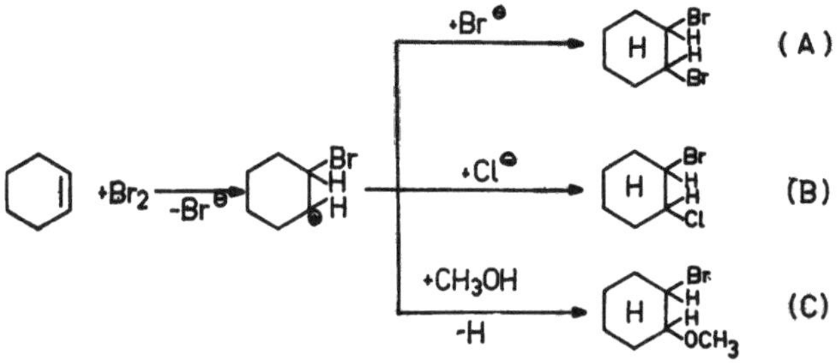

pelbindung addiert, so entsteht gemäß (A) das Dibromadditionsprodukt. Das als Zwischenstufe formulierte Carbeniumion kann jedoch auch mit anderen nucleophilen Reaktionspartnern ein Additionsprodukt liefern.

Zu einem Beweis für das Carbeniumion werden die Reaktionen (B) und (C) jedoch erst dann, wenn keine Reaktion zwischen der Dibromverbindung und einem Chloridion oder Methanol als Substitution erfolgt und zum anderen aus dem Brommolekül und einem Chloridanion oder Methanol kein zur Addition befähigtes Agens entsteht. Da beide Voraussetzungen unter den „normalen" Bedingungen für eine Bromaddition erfüllt sind, kann die Abfangreaktion als Beweis für das Auftreten der Carbeniumionen-Zwischenstufe gelten.

1.2.2.4. Isotopenmarkierung

Erfolgt die Addition eines Halogenmoleküls an eine unsymmetrisch substituierte Doppelbindung, so können zwei verschiedene Carbenium-Ionen als Zwischenstufe entstehen, die sich in ihrer Stabilität unterscheiden. Durch Betrachtung der Substituenteneffekte lassen sich Voraussagen bezüglich der Stabilität treffen, ein Beweis für das bevorzugte Auftreten einer Form ist auf diese Weise jedoch nicht zu führen. Addiert man Chlor an Isobuten, so kann sich das Carbeniumion auch durch Eliminierung eines Protons in ein thermodynamisch stabileres Endprodukt umwandeln.

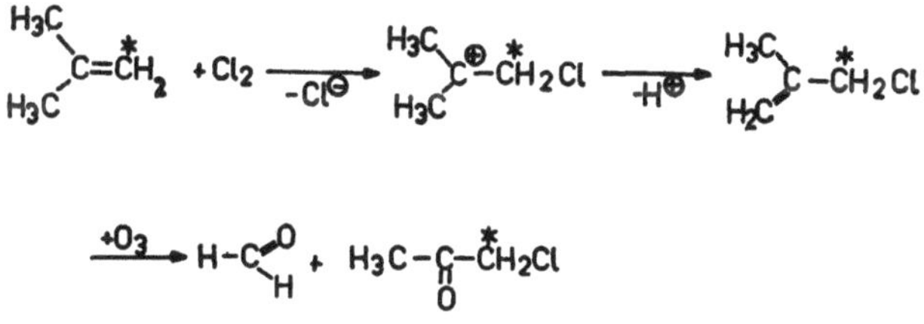

Während bei niedriger Temperatur die Addition eines Nucleophils an das Carbeniumion begünstigt ist, erfolgt bei höheren Temperaturen die Eliminierung eines Protons schneller. Ob die im ersten Schritt erfolgte Addition zu dem in der obigen Gleichung formulierten Carbeniumion oder zu einem Ion mit der positiven Ladung am C-Atom 1 führt, kann mit Hilfe der Isotopenmarkierung entschieden werden. Setzt man das durch Protonenabspaltung erhaltene Produkt mit Ozon um, so entstehen Formaldehyd und Chloraceton, wobei letzteres das radioaktiv markierte Atom enthält.

Nucleophile Substitutionen am Aromaten verlaufen in der Regel nur dann glatt, wenn die Elektronendichte im Aromaten durch geeignete Substituenten verringert wird. Erfolgt das nicht, so geht ein nucleophiler Austausch eines Substituenten nur dann vonstatten, wenn Agenzien hoher Nucleophilie oder spezielle Reaktionsbedingungen angewendet werden. So kann das Chlor im Chlorbenzen nucleophil z. B. durch die NH_2-Gruppe ausgetauscht werden. Da sich kein weiterer Substituent in der Ausgangsverbindung befindet, besteht hier nicht die Möglichkeit, aus der Position des eintretenden Substituenten Rückschlüsse auf den Ablauf der Reaktion zu ziehen. Wird jedoch im Chlorbenzen das C-Atom, an das das Cl-Atom gebunden ist, radioaktiv markiert, dann gestattet die Analyse der Reaktionsprodukte die Aussage, daß die Reaktion nicht über ein Anion als Zwischenstufe verläuft.

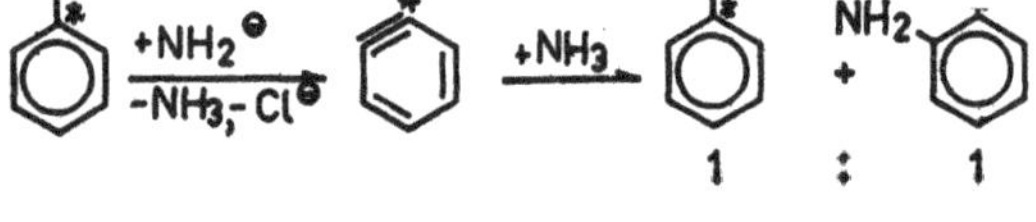

Da das entstehende Anilin die Aminogruppe zu etwa gleichen Teilen am ^{14}C und am dazu benachbarten C-Atom trägt, kann nur eine symmetrische Zwischenstufe in Form eines Arins angenommen werden. Damit unterscheidet sich der Reaktionsverlauf grundsätzlich von dem an einem z. B. durch Nitrogruppen aktivierten Aromaten und ist als Eliminierungs-Additions-Mechanismus zu klassifizieren.

1.2.2.5. Stereochemische Untersuchungen

Seit langem ist bekannt, daß die Bromaddition an E-But-2-en zu meso-2.3-Dibrombutan führt und aus Z-But-2-en das D,L-Produkt entsteht, sofern man die Addition bei tiefen Temperaturen in wenig polaren Lösungsmitteln durchführt. Die hohe Stereospezifität beider Reaktionen

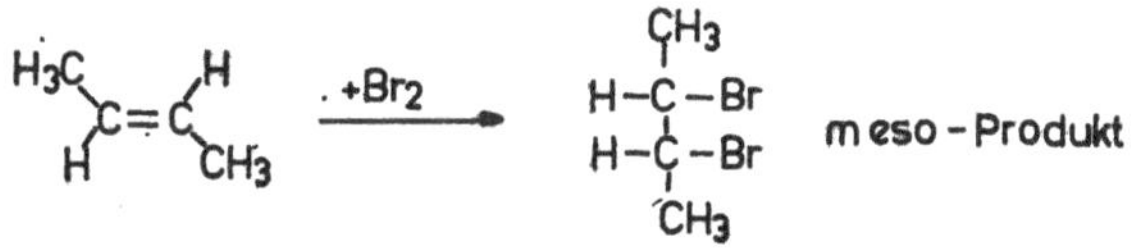

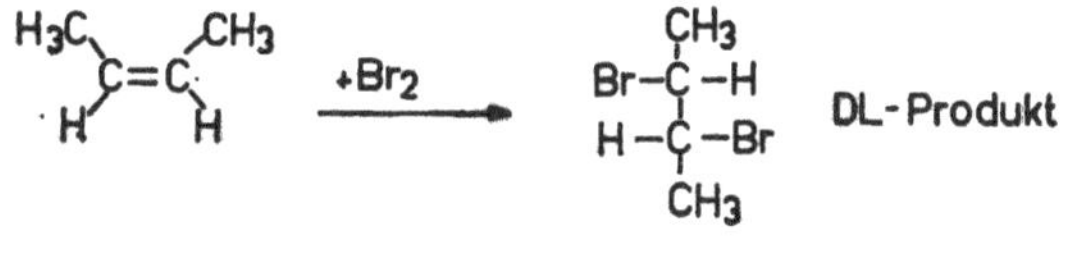

läßt sich nicht erklären, wenn man ein Carbeniumion der Struktur (A) als reaktive Zwischenstufe annimmt, da dann die beiden diastereomeren Dibromprodukte wegen der Rotationsfähigkeit um die C_2—C_3-Bindung aus beiden Ausgangsolefinen entstehen sollten.

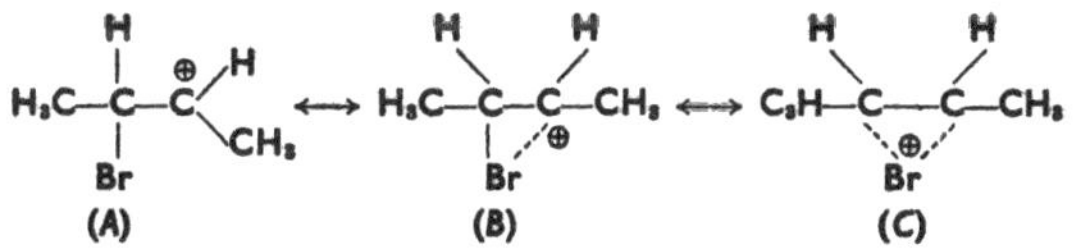

Verständlich wird der Reaktionsverlauf dann, wenn man der Zwischenstufe die Struktur eines Haloniumions (C) zuschreibt oder wenigstens mit einer starken Nachbargruppenwirkung des Broms durch Abschirmung einer Seite des Carbeniumions (b) rechnet. Der nucleophile Angriff des Anions erfolgt dann von der dem bereits addierten Ion entgegengesetzten Seite, so daß sich insgesamt eine trans-Addition ergibt. Sowohl der Übergang zu höheren Reaktionstemperaturen als auch zu Lösungsmitteln höherer Dielektrizitätskonstante führt dazu, daß beide Produkte nebeneinander entstehen.

1.2.2.6. Kinetische Untersuchungen

Der geschwindigkeitsbestimmende Schritt einer Substitutionsreaktion, die zu Carbeniumionen als reaktiver Zwischenstufe führt, besteht in der Bildung der Carbeniumionen, d. h. also in der Heterolyse der R—X-Bindung. Man sollte ein einfaches Geschwindigkeitsgesetz 1. Ordnung für diese Reaktion erwarten, doch ist das Auftreten eines solchen Gesetzes kein Nachweis für das Auftreten von Carbeniumionen. Unter bestimmten Umständen kann eine detaillierte kinetische Untersuchung von Reaktionen mit reaktiven Zwischenstufen jedoch Informationen über deren Bildung, Verbrauch und Verhalten im Reaktionsablauf liefern. Solche Informationen erhält man meist dann, wenn eine Abweichung vom Geschwindigkeitsgesetz 1. Ordnung festzustellen ist. Abweichungen werden z. B. erhalten, wenn die Ionenbildung reversibel ist, d. h. im einfachsten Fall das aus dem Substrat stammende Nucleophil X mit einem zweiten Nucleophil Y um das Ion konkurriert. Die Reaktion ist dann wie folgt zu formulieren:

$$R - X \underset{k_2}{\overset{k_1}{\rightleftharpoons}} R^{\oplus} + X^{\ominus}$$

$$R^{\oplus} + Y^{\ominus} \xrightarrow{k_3} R - Y$$

Zur Aufstellung eines Geschwindigkeitsgesetzes wendet man als Näherung des BODENSTEIN-Theorem an, d. h., man nimmt an, daß die Konzentration der Zwischenstufe gering ist und im Verlauf der Reaktion konstant bleibt:

$$\frac{d[R^{\oplus}]}{dt} = k_1[RX] - k_2[R^{\oplus}][X^{\ominus}] - k_3[R^{\oplus}][Y^{\ominus}] = 0$$

Daraus folgt für die Bildung des Reaktionsproduktes:

$$\frac{d[RY]}{dt} = k_3[R^{\oplus}][Y^{\ominus}] = \frac{k_1[RX]\,k_3[Y^{\ominus}]}{k_2[X^{\ominus}] + k_3[Y^{\ominus}]}$$

und nach Umformung:

$$\frac{d[RY]}{dt} = \frac{k_1[RX]}{\frac{k_2[X^{\ominus}]}{k_3[Y^{\ominus}]} + 1}$$

Den Bruch im Nenner kann man als Konkurrenzkonstante für die Rückreaktion und die Produktbildung auffassen. Ist sie während der Reaktion sehr klein, d. h., ist die Reaktion zwischen dem Carbeniumion und dem Nucleophil $Y^{\ominus}$ schnell im Vergleich zur Rückreaktion, dann erhält man ein Geschwindigkeitsgesetz 1. Ordnung.

$$\frac{d[RY]}{dt} = k_1[RX]$$

Ist die Konkurrenzkonstante jedoch sehr groß, so sind sowohl Bildung als auch Umwandlung des Carbeniumions kinetisch wichtig; die Konzentration der beteiligten Nucleophile $Y^{\ominus}$ und $X^{\ominus}$ geht in die kinetische Gleichung ein und der geschwindigkeitsbestimmende Schritt entspricht einer bimolekularen Reaktion zwischen dem Carbeniumion und einem Nucleophil:

$$\frac{d[RY]}{dt} = \frac{k_1[RX]}{k_2[X^{\ominus}]} \cdot k_3[Y^{\ominus}]$$

Handelt es sich um eine Solvolysereaktion, dann ändert sich aufgrund des großen Lösungsmittelüberschusses die Konzentration des Lösungsmittels praktisch nicht.

Die Reaktion mit dem Lösungsmittel ist somit am Anfang eine Reaktion pseudo-erster Ordnung, die sich wegen des Anwachsens der Konzentration von $X^{\ominus}$ im Reaktionsverlauf jedoch stärker verlangsamt als für eine Reaktion 1. Ordnung zu erwarten ist. Die beobachtete Abweichung von der 1. Ordnung ist also erst ein eindeutiger Beweis für das Auftreten von Carbeniumionen.

Alle in diesem Abschnitt an einigen Beispielen erläuterten Methoden sind Möglichkeiten zur Diagnose reaktiver Zwischenstufen im Ablauf einer chemischen Reaktion. Für sich allein und ohne Zuhilfenahme von anderen Untersuchungsmethoden gestatten sie jedoch nur in den seltensten Fällen eindeutige Aussagen über die Natur einer Zwischenstufe, ihre Struktur und ihr Auftreten im Reaktionsablauf. Wie eingangs bereits erwähnt, gestattet nur die Kombination möglichst vieler Methoden fundierte Aussagen über den Verlauf einer Reaktion und damit über reaktive Zwischenstufen.

2. Reaktive Zwischenstufen mit Elektronendefizitcharakter

2.1. Carbokationen als reaktive Zwischenstufen

1902 wurde von Gomberg, Norris und anderen darüber berichtet, daß sich die Lösungen von Triphenylmethylhalogeniden in verschiedenen Medien tiefgelb färben. Diese reversible Farbänderung wurde auf die ionische Dissoziation der Tritylhalogenide zurückgeführt.

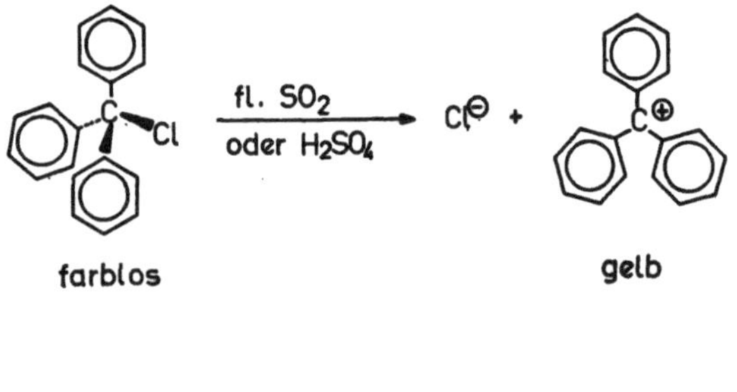

Baeyer gab diesen Spezies den Namen „Carboniumionen“. Die Dissoziation der kovalenten Halogenide wurde durch physikalische Untersuchungen wie Leitfähigkeitsmessungen und Kryoskopie nachgewiesen.

In den zwanziger Jahren wurde eine Vielzahl derartiger Carboniumionen mit zwei oder drei aromatischen Gruppen dargestellt und durch unterschiedliche Gegenionen stabilisiert als Farbstoffsalze verwendet.

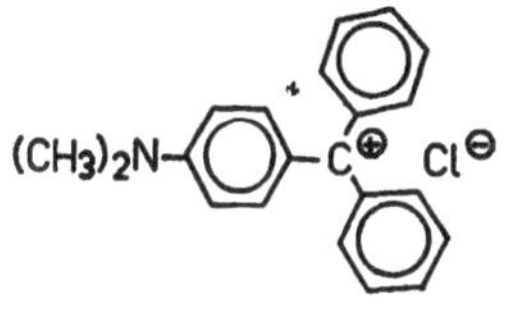

Kristallviolett

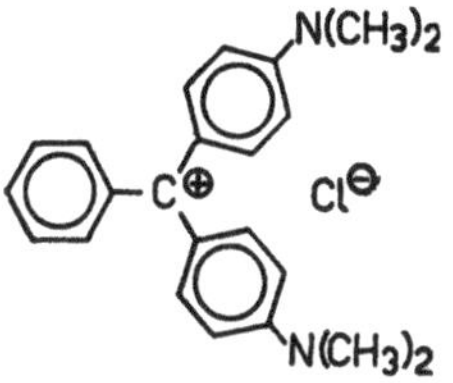

Malachitgrün

1922 schlug Meerwein für die Umlagerungsreaktion von Camphenhydrochlorid in Isobornylchlorid Carbokationen als kurzlebige Zwischenstufen vor:

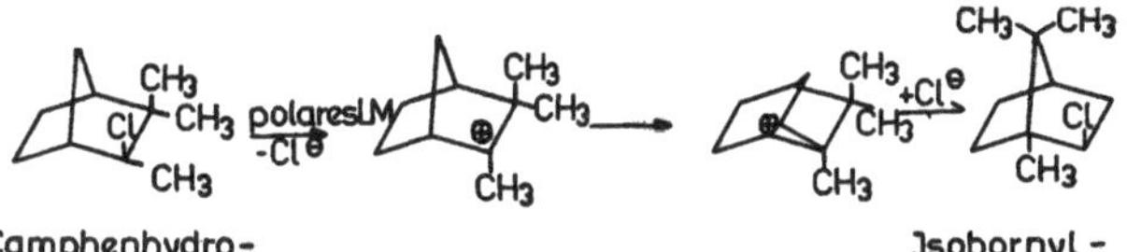

Camphenhydro-
chlorid

Isobornyl-
chlorid

1930 postulierten Whitmore, Hughes und Ingold, daß Carbokationen als Zwischenstufen bestimmter Substitutionsreaktionen auftreten, z. B. bei der basischen Hydrolyse von t-Butylchlorid:

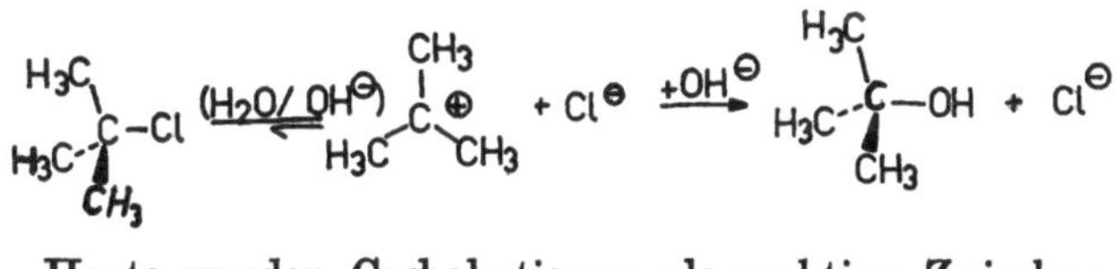

Heute werden Carbokationen als reaktive Zwischenstufen vieler solvolytischer und sauer katalysierter Reaktionen angenommen.

2.1.1. Nachweismöglichkeiten von Carbokationen

Carbokationen treten als reaktive Zwischenstufen bei einer Vielzahl chemischer Reaktionen auf, wie z. B. bei nucleophilen Substitutionen an Alkyl-X-Verbindungen, elektrophilen Additionen an π-Systemen, elektrophilen Substitutionen am Aromaten, Desaminierungsreaktionen, Esterspaltungen oder bei Umlagerungsreaktionen. Die Bildungsweise der Carbokationen kann dabei in drei allgemeine Reaktionsprinzipien eingeteilt werden:

a) Heterolytische Spaltung von Molekülbindungen
b) Addition von Kationen an ungesättigte Systeme
c) Elektronenentzug aus elektroneutralen Systemen (incl. Radikale)

Da die Struktur der reaktiven Zwischenstufen den Verlauf der chemischen Reaktion hinsichtlich Reaktionsgeschwindigkeit und Produktverteilung entscheidend bestimmt, gewinnt der Nachweis und die Strukturaufklärung dieser Zwischenstufen unter dem Gesichtspunkt der Reaktivitätsprognose und der Suche nach Möglichkeiten zur Reaktionssteuerung stark an Bedeutung.

2.1.1.1. Direkter Nachweis

Wie in Kap. 1. bereits erläutert, wird jede zum direkten Nachweis chemischer Strukturen geeignete Meßmethode durch ihre Zeitauflösung und ihre Empfindlichkeit in ihrer Anwendungsmöglichkeit begrenzt. Der Nachweis von Carbokationen mittels NMR-Spektroskopie, Leitfähigkeitsmessungen, UV/VIS-Spektroskopie usw. ist damit nur möglich, wenn die zu charakterisierenden Spezies eine hinreichend große Lebensdauer und die der Empfindlichkeit der Meßmethode entsprechende Konzentration besitzen.

Zum direkten Nachweis reaktiver Zwischenstufen bei chemischen Reaktionen sind daher oftmals Untersuchungsbedingungen nötig, unter denen die Carbokationen entweder zusätzlich stabilisiert oder temporär stark angereichert werden. Vorzugsweise geschieht das durch die Wahl geeigneter äußerer Bedingungen, wie z. B. die Verwendung sogenannter „superacider“ Medien (SO_2/SbF_5, HF/SbF_5, CF_3SO_3H) oder sehr tiefe Temperaturen (100···220 K). Auf diese Weise gelang es OLAH u. Mitarb., Carbokationenstrukturen nachzuweisen und zu charakterisieren. Sowohl die ^{1}H-NMR- als auch die ^{13}C-NMR-Spektroskopie sind häufig verwendet worden und sehr

Tabelle 3
^{13}C-NMR-chemische Verschiebungen von Carbokationen (Resonanz des zentralen C-Atoms) relativ zu $^{13}CS_2$

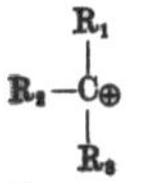 R_1	R_2	R_3	ppm	berechnete Ladung des zentralen C-Atoms relativ zu CS_2
CH_3	CH_3	CH_3	−135	+0,68
CH_3	CH_3	H	−125	+0,62
CH_3	CH_3	Cycl. Prop.	−87	+0,43
CH_3	CH_3	OH	−55	+0,27
Ph	Ph	Ph	−18	+0,09
CH_3	OH	OH	−1,6	−0,008
OH	OH	OH	+28	−0,14
OH	OH	OCH_3	+31	−0,15

gut geeignet, den Bindungszustand von Kohlenstoffatomen zu erfassen. Das Signal der unter superaciden Bedingungen stabilen Carbokationen ist pro Elektronenladung ca. 200 ppm nach niederem Feld verschoben (im Vergleich zum ungeladenen C-Atom). In Ergänzung der in Kap. 1.2.1.2. gemachten Ausführungen enthält Tab. 3 ^{13}C-NMR-spektroskopische Daten zur Charakterisierung von Carbokationen unterschiedlicher Struktur.

Die Röntgen-Photoelektronen-(ESCA)-Spektroskopie wurde in neuerer Zeit zur Untersuchung stabiler Carbokationen-Salze (Hexafluoroantimonate, Fluorosulfonate usw.) herangezogen. Ein monochromatischer Röntgenstrahl der Energie E_x bewirkt die Herauslösung von Elektronen aus der zu untersuchenden Substanz. Dabei werden sowohl Valenzelektronen als auch 1*s*-Elektronen des C-Atoms ionisiert. Die Energie der herausgelösten Elektronen E_p wird magnetisch gemessen und damit ist die Bindungsenergie E_B mit geringen noch erforderlichen Korrekturen gegeben:

$$E_B = E_x - E_p$$

Diese Bindungsenergie hängt von der Ladung des Zentralatoms ab. Je größer die positive Ladung ist, desto schwerer wird die Ionisierung innerer Elektronen.

Damit ist auch diese Meßmethode geeignet, Größe und Verteilung der Ladung am Carbokation zu bestimmen. Ein Beispiel ist in Abb. 11 enthalten.

Das tert.-Butylkation hat ein ESCA-Spektrum, das aus zwei Peaks im Intensitätsverhältnis 1:3 besteht:

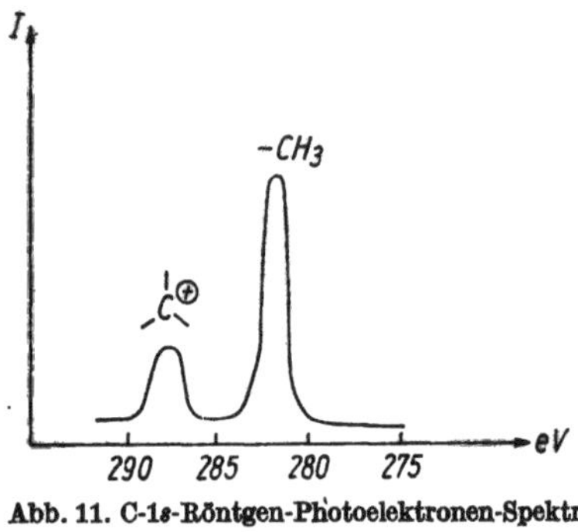

Abb. 11. C-1*s*-Röntgen-Photoelektronen-Spektrum des tert. Butyl-Carbokations

Zur exakten Strukturcharakterisierung von stabilen Carbokationen-Salzen dienen auch Röntgenbeugungsuntersuchungen. Als Beispiel sei auf die strukturbedingten Unterschiede in den Bindungsabständen beim Heptamethylbenzeniumion verwiesen.

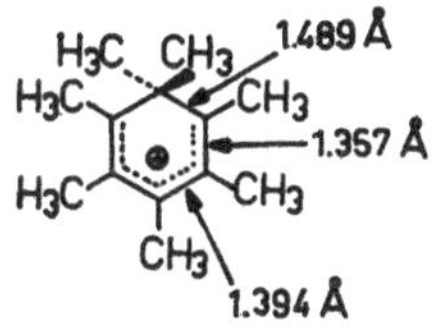

Die C—C-Bindungsabstände entsprechen dabei dem potentiellen Doppelbindungscharakter an den trigonalen C-Atomen.

In den siebziger Jahren gewannen vor allem sogenannte Kurzzeit- und Ultra-Kurzzeit-spektroskopische Methoden (vgl. Kap. 1.) an Bedeutung, mit denen es gelingt, in Zeitbereiche von $10^{-6} \ldots 10^{-12}$ s vorzustoßen und somit Carbokationen als kurzlebige Zwischenstufen bei chemischen Reaktionen direkt nachzuweisen. So wurde z. B. für die Ionenrekombination

$$Ph_3C^{\oplus} + Cl^{\ominus} \rightarrow Ph_3C{-}Cl$$

eine Geschwindigkeitskonstante von $8 \pm 2{,}5 \cdot 10^{10}\, l \cdot mol^{-1} \times s^{-1}$ pulsradiolytisch gemessen.

Bei der Stabilisierung von Carbokationen durch extreme Untersuchungsbedingungen oder der Verwendung radiolytischer bzw. photolytischer Ultrakurzzeit-Methoden muß allerdings bedacht werden, daß an dem zu untersuchenden System durch die Meßbedingungen z. T. erhebliche Veränderungen gegenüber dem normalem Reaktionsverlauf vorgenommen wurden. Deshalb ist die Übertragung aus der Strukturaufklärung stabiler oder stabilisierter Carbokationen gewonnener Aussagen auf Carbokationen als Zwischenstufen chemischer Reaktionen nicht immer ohne weiteres möglich.

So konnten Olah u. Mitarb. in supersauren Medien NMR-spektroskopisch eine symmetrische Struktur cyclischer Haloniumionen für folgende Reaktion nachweisen:

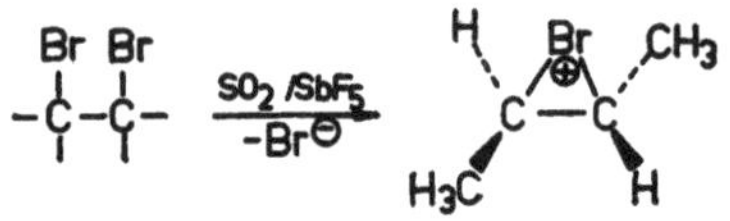

Bei der elektrophilen Bromaddition an Doppelbindungssysteme in organischen Lösungsmitteln ist das mediumabhängige Verhältnis der Diastereomerenbildung nur verständlich, wenn eine asymmetrische Verbrückung der Zwischenstufe angenommen wird.

Diese Einschränkungen der Methoden zum direkten Nachweis von Carbokationen bekräftigen die Notwendigkeit, mehrere unabhängige Nachweismethoden anzuwenden.

2.1.1.2. Indirekte Nachweismöglichkeiten

a) kinetische Untersuchungen

Die Bildungsweise von Carbokationen wird in den Kap. 2.1.2. und 2.1.3. beschrieben. Danach sollte sich der geschwindigkeitsbestimmende Schritt im Zeitgesetz der Bruttoreaktion und in spezifischen Einflüssen auf die Bruttoreaktionsgeschwindigkeit widerspiegeln, durch

— strukturelle Änderungen im Kation selbst
— Strukturänderungen im Reaktionspartner
— Medieneffekte
— kinetische Isotopeneffekte (primäre und sekundäre).

Der Vergleich zwischen hypothetischem und experimentell gefundenem Verhalten kann dann zur Überprüfung von Modellen für Struktur-Reaktivitätsbeziehungen von Zwischenstufen dienen.

b) nichtkinetische Untersuchungen

Bei Vermutung einer reaktiven Zwischenstufe sollten Abfangreaktionen, Konkurrenzreaktionen und Umsetzungen mit spezifischen Reaktionspartnern geeignet sein. So sollten Carbokationen mit starken *n*-Donatoren schnelle Reaktionen eingehen.

Zur Verdeutlichung derartiger Möglichkeiten sei auf die Konkurrenz der elektrophilen Bromaddition in Methanol als Lösungsmittel hingewiesen.

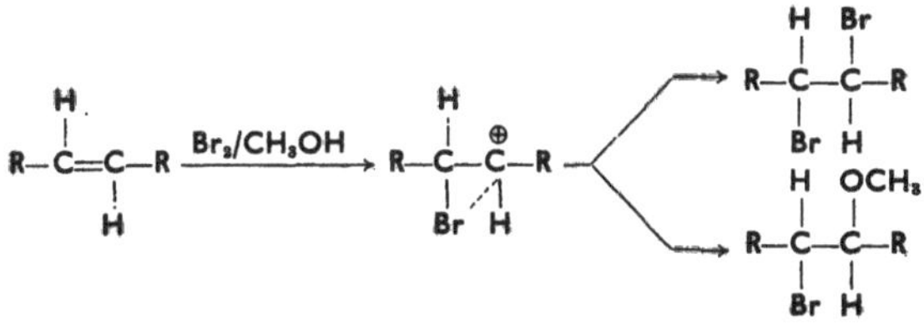

Schließlich besitzen Zwischenstufen einer Reaktion eine ganz bestimmte geometrische Struktur und Elektronenverteilung, die wiederum die Struktur der aus ihnen entstehenden Produkte wesentlich bestimmt. Damit werden die im Kap. 1. bereits genannten Methoden, wie z. B.

stereochemische Untersuchungen und
Isotopenmarkierung

ebenfalls zu wichtigen Informationsquellen über Struktur und Reaktivität der Zwischenstufen chemischer Reaktionen.

2.1.2. *Struktur und Stabilität von Carbokationen*

2.1.2.1. *Strukturunterteilungen*

Anfang der siebziger Jahre führte Olah zwei neue Begriffe zur Unterscheidung grundsätzlich verschiedener Strukturen von Carbokationen ein.

a) dreibindige (klassische) „Carbeniumionen“, die ein sp^2-hybridisiertes zentrales, elektronendefizites C-Atom mit sechs Valenzelektronen besitzen, das mit den drei unmittelbar gebundenen Atomen eine ebene Anordnung anstrebt.

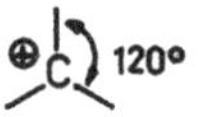

trigonal eben

b) Fünffach oder vierfach koordinierte (nichtklassische) „Carboniumionen“, die ein elektronendefizites Kohlenstoffatom enthalten, das acht Valenzelektronen besitzt und durch drei Einfach- und eine Zweifachelektronen-Mehrzentrenbindung (Elektronenmangelbindung) verknüpft ist.

tetraedrisch

deformierter Tetraeder

Bei den meisten unter Normalbedingungen ablaufenden Reaktionen sind die als reaktive Zwischenstufen auftretenden Carbokationen die klassischen, dreibindigen Carbeniumionen.

Carboniumionen als Mehrzentren-Elektronenmangel-Verbindungen sind im allgemeinen derartig instabil, daß bisher nur für das Norbornylkation unabhängige experimentelle Hinweise unter anderem durch ESCA-Spektroskopie unter superaciden Bedingungen vorliegen.

Das Fehlen von C-Atomen mit hoher 1*s*-Bindungsenergie bzw. eines echten lokalisierten Elektronendefizites lies dabei im Vergleich mit den ESCA-Spektren dreibindiger Carbeniumionen den Schluß auf das Auftreten einer solchen nichtklassischen Struktur zu.

Die eigentliche Bedeutung der Carboniumionen liegt:

a) in der Formulierung von Modellstrukturen für Übergangszustände, die der Bildung der eigentlichen Zwischenstufe (Carbeniumion) einer Reaktion vorgelagert sind

Beispiel: säurekatalysierte Umlagerung des Cyclohexans

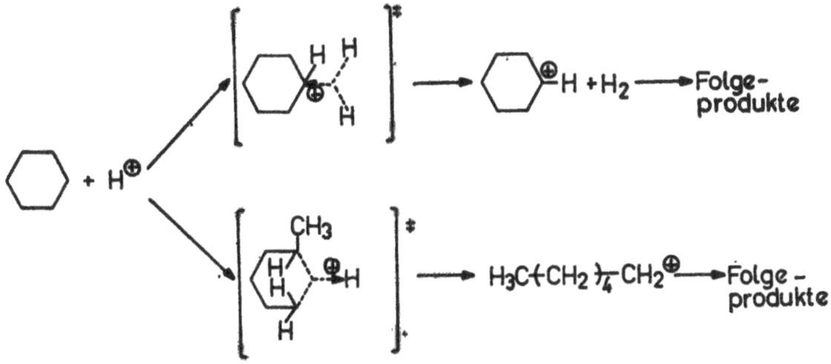

b) in der Interpretation von Nachbargruppenbeteiligungen an chemischen Reaktionen

Beispiel: Hydrolyse von β-Allylverbindungen

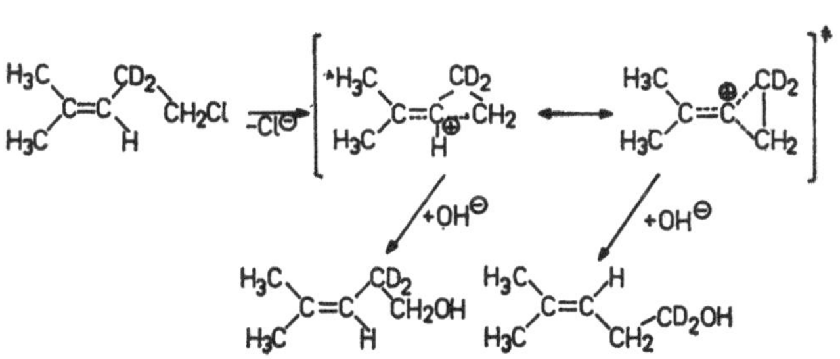

2.1.2.2. Stabilitätskriterien

Die Stabilität von Carbeniumionen ist ein wichtiges Kriterium zur Beurteilung chemischer Reaktionen, in deren Verlauf sie als Zwischenstufen auftreten. Zur Betrachtung der Stabilität von Zwischenstufen kann man von folgenden Gesichtspunkten ausgehen:

a) „Thermodynamische Stabilität der Zwischenstufe"

Sie bildet einen Zusammenhang mit der freien Standardbildungsenthalpie $\Delta_B G^{\ominus}$ der Zwischenstufe bzw. mit der freien Standardreaktionsenthalpie $\Delta_R G^{\ominus}$ für die Bildung der Zwischenstufe aus den entsprechenden Edukten unter ganz bestimmten Reaktionsbedingungen. Im weiteren Sinne wird sie bestimmt durch die stereoelektronischen Eigenschaften des Kations, die Solvatationsverhältnisse sowie weitere intermolekulare Stabilisierungsmöglichkeiten wie Komplexbildung, Gegenioneneinfluß, Bildung von Ionenpaaren usw.

b) „Kinetische Stabilität der reaktiven Zwischenstufen"

Sie hängt ab von der Höhe der Aktivierungsbarriere $\Delta_R G^{\neq}$ für die intramolekularen (Umlagerungen) oder intermolekularen Reaktionen, die zu einer Stabilisierung der Zwischenstufe durch eine chemische Umsetzung führen. Damit hängt sie von der Reaktivität der potentiellen Reaktionspartner des Carbeniumions ab.

Thermodynamische und kinetische Stabilität des Carbeniumions bestimmen wesentlich dessen Bildungswahrscheinlichkeit und Lebensdauer unter den jeweiligen Reaktionsbedingungen. Solche Stabilitätsabschätzungen lassen demzufolge wichtige Aussagen über den Reaktionsverlauf zu, d. h. Schlußfolgerungen über die Reaktionsgeschwindigkeit und die Produktverteilung bei chemischen Reaktionen mit Carbeniumionen als reaktiver Zwischenstufe.

2.1.2.3. Stabilisierung durch elektronische Effekte

Carbeniumionen sind aufgrund ihres Elektronendefizites starke Elektrophile. Stabilität und Reaktivität des Carbeniumions hängen damit wesentlich vom Grad der Delokalisierung des Elektronendefizites ab. Eine solche Delokalisierung wird erreicht durch:

- Einbeziehung des Elektronendefizites in ein mesomeriefähiges System
- Ausbildung aromatischer Strukturen unter Beteiligung des Carbeniumionenzentrums
- Elektronenübertragung von Elektronendonorzentren in Nachbarschaft des Elektronendefizites

Im Carbeniumion befindet sich der Kohlenstoff im sp^2-Zustand. Damit sind die Elektronendefizitzentren in der Lage, mit benachbarten, gleichermaßen hybridisierten Atomen in Konjugation zu treten. Eine auf diese Weise erreichte Elektronendelokalisierung, wie sie in Alkenyl- und Arenium-Ionen auftritt, führt dann zu einer erheblichen Stabilisierung des kationischen Systems.

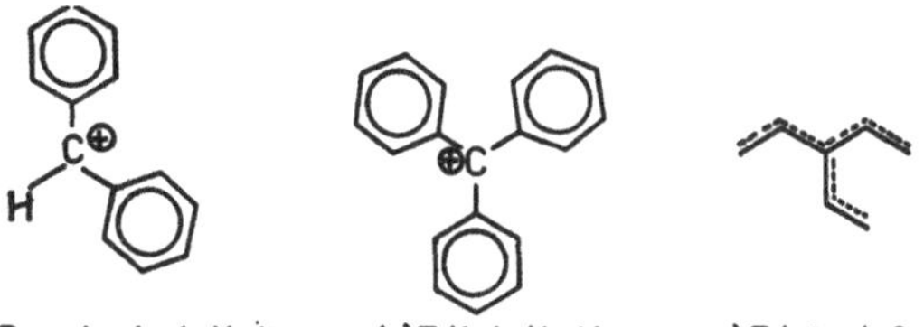

a) Benzhydryl-Kation b) Trityl-Kation c) Trivinyl-Carbeniumion

Besonders verstärkt wird diese Stabilisierung, wenn das Kation Bestandteil eines aromatischen $(4n + 2)$-π Systems wird:

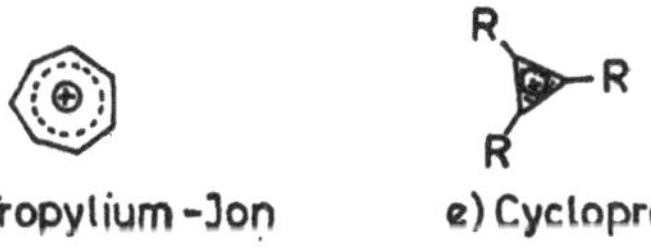

d) Tropylium-Jon e) Cyclopropenyl-Kation

Die Kationen a, b, d lassen sich in Form ihrer Tetrafluoroborate als stabile Salze isolieren. Die Geschwindigkeitskonstanten der Hydrolyse dieser Salze betragen:

a) $\cdots 10^9\ s^{-1}$
b) $\cdots 10^5\ s^{-1}$
d) $\cdots 1\ s^{-1}$

Ebenfalls stabilisierend aber weniger ausgeprägt wirken Alkylsubstituenten am Elektronendefizitzentrum. Da der Kohlenstoff im *sp*³-Zustand geringere Elektronegativität als im *sp*²-Zustand besitzt, wirken Alkylsubstituenten gegenüber dem Carbeniumionenzentrum als Elektronendonatoren. Dadurch wird eine stabilisierende Delokalisierung des Elektronendefizits erreicht.

Heteroatome mit einsamen Elektronenpaaren können als Elektronendonatoren für ein benachbartes kationisches Zentrum wirken. Diese Wechselwirkung kann dabei sowohl über eine Bindung

$$C^{\oplus}-X \longleftrightarrow C=X^{\oplus}$$

als auch über den Raum (Nachbargruppeneffekt)

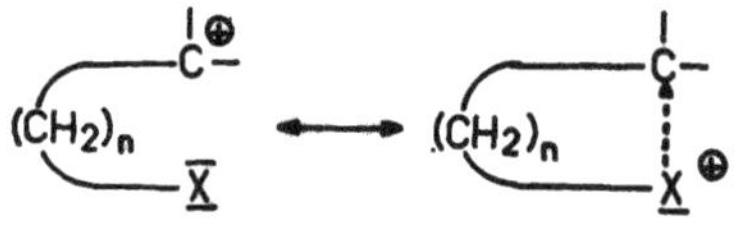

erfolgen.

Als Heteroatome kommen dabei hauptsächlich Halogene, Sauerstoff, Schwefel und Stickstoff in Betracht.

Die Beteiligung von Halogenatomen an der Stabilisierung von Carbeniumionenstrukturen führt zu einer starken Beschleunigung nucleophiler Substitutionen bei β-Halogen-Brosylaten bzw. -Tosylaten. Dabei ist die Nucleophilie der β-Halogenatome ($Cl < Br < J$) ausschlaggebend für ihre stabilisierende Wirkung. Bei der

Acetolyse der 2-Halogen-cyclohexyl-brosylate

wurde für die trans-Jod-Verbindung eine Reaktionsbeschleunigung gegenüber der cis-Jod-Verbindung, bei der die Ausbildung der oben angegebenen halogenverbrückten Carbeniumionenstruktur aus sterischen Gründen nicht möglich ist, von $3 \cdot 10^6$ gefunden. Für das weniger nucleophile Brom beträgt dieses Verhältnis k_{trans}/k_{cis} nur 800, während im Falle von Chlor als β-Halogenatom keine Reaktionsbeschleunigung nachgewiesen werden konnte.

Beispiel: Oxoniumionen

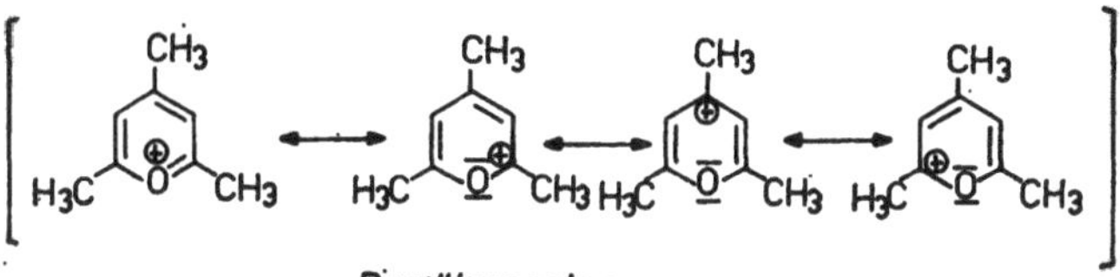

Pyrylliumsalze

Beispiel: Sulfoniumionen

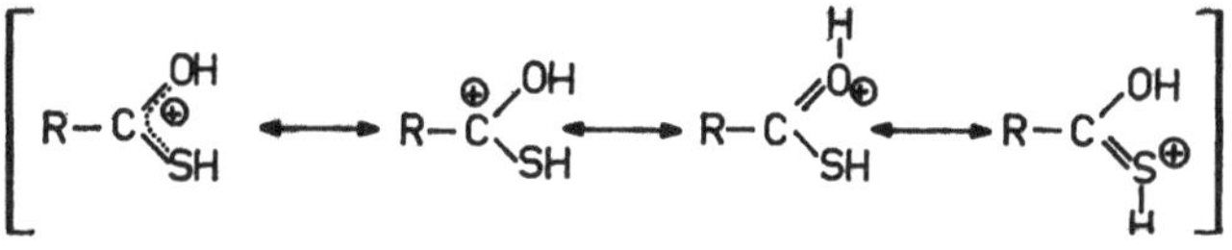

Beispiel: Nitroniumionen

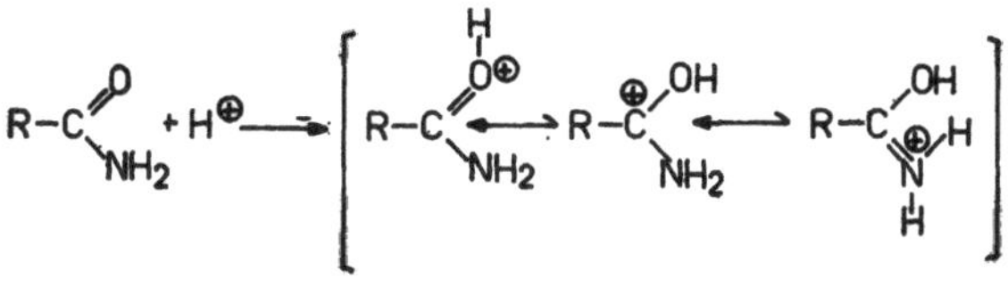

Die letzten beiden Beispiele stellen typische Vertreter der „ambidenten Kationen“ dar; d. h. Kationen mit zwei oder mehr zur Reaktion befähigten Elektronendefizitzentren.

Die Wirkung dieser elektronischen Substituenteneffekte auf die Stabilität der Carbeniumionen soll in der folgenden Tabelle gezeigt werden:

Tabelle 4
Relative Carbeniumionenstabilität – Geschwindigkeitskonstanten der Solvolyse von R–OTs in Ethanol bei 298 K

R =	Et–	i-Prop.–	$CH_2=CH-CH_2-$	$Ph-CH_2-$	Ph_2-CH-	Ph_3-C-
$k_{rel.}$	0,26	0,69	8,6	100	100000	10^{10}

Mit den Tabellenwerten kann natürlich nur der Trend zunehmender Leichtigkeit der Bindungsspaltung nach dem S_N1-Mechanismus als Folge zunehmender Stabilität der Zwischenstufe erkannt werden. Sie enthalten zusätzliche Anteile der äußeren Stabilisierung, insbesondere der unterschiedlichen Solvatation der entstehenden Kationen.

2.1.2.4. *Stabilisierung durch sterische Effekte*

Sterische Effekte können sich sowohl auf die Bildungswahrscheinlichkeit des Carbeniumions (thermodynamische Stabilität) als auch auf dessen Lebensdauer (kinetische Stabilität) auswirken. Einerseits führt im Ionisierungsvorgang der Übergang vom sp^3- (tetraedrisch) zum sp^2-Zustand (trigonal eben) zu einer Verminderung der sterischen Gruppenhäufung in der Umgebung des Reaktionszentrums. Dieser Energiegewinn durch „sterische Entspannung“ ist dann um so größer, je voluminöser die an das Reaktionszentrum gebundenen Gruppen sind.

Andererseits kann die „sterische Hinderung“ des Reaktionszentrums zur Verminderung der Reaktionswahrscheinlichkeit des elektrophilen Carbeniumions mit dem nucleophilen Reaktionspartner führen und damit die Lebensdauer des Carbeniumions erhöhen. Dabei ist diese außer von der Gruppengröße am Kation selbst auch von der Größe des angreifenden Nucleophils abhängig

z. B.: $HO^{\ominus} < CH_3{-}O^{\ominus} < CH_3{-}CH_2{-}O^{\ominus} < (CH_3)_2CH{-}O^{\ominus} < (CH_3)_3C{-}O^{\ominus}$

2.1.2.5. Stabilisierung durch Solvatation

Die ionische Dissoziation einer kovalenten Bindung erfordert mehr Energie als die Homolyse, da Arbeit gegen ein elektrostatisches Feld zu leisten ist. Dieser Energieaufwand wird teilweise durch die Wechselwirkung zwischen Solvent und Carbeniumion bzw. Gegenanion kompensiert (Solvatationsenthalpie). Aus diesem Grunde sind ionische Reaktionen sehr empfindlich gegenüber der Natur des Lösungsmittels. Je größer die Solvatationsenthalpie ist, desto niedriger wird die Aktivierungsenthalpie der Heterolyse und desto stabiler (thermodynamische Stabilität) wird das solvatisierte Carbeniumion.

Zur umfassenden Betrachtung der Medieneinflüsse müssen neben der allgemein bekannten Wirkung des makroskopischen Dielektrikums vor allem die vielfältigen Erscheinungen der spezifischen Solvatation berücksichtigt werden. Für die freie Enthalpie der Solvatation ($\Delta G_{\text{Solv.}}$) bzw. die freie Aktivierungsenthalpie von Solvatationsprozessen ($\Delta G^{\ddagger}_{\text{solv.}}$) gilt:

$$\Delta G_{\text{solv.}} = \Delta G_{DK} + \Delta G_{\text{spez.}} \text{ bzw. } \Delta G^{\ddagger}_{\text{Solv.}} = \Delta G^{\ddagger}_{DK} + \Delta G^{\ddagger}_{\text{spez.}}$$

Der mit einem Energiegewinn verbundene Solvatationsprozeß wird somit über einen „*DK*-Anteil“ und den „Anteil an spezifischer Solvatation“ erfaßt. In sogenannten „neutralen“ oder inerten Lösungsmitteln kann die spezifische Solvatation vernachlässigt werden. Bei Lösungsmitteln mit Donor- bzw. Akzeptorcharakter kann dagegen die spezifische Solvatation den *DK*-Anteil an Wirkung wesentlich übertreffen, ohne daß in der Regel eine quantitative Trennung beider Einflüsse möglich ist.

Die stark dissoziierende Wirkung polar protischer Lösungsmittel wie Wasser (hohe Solvatationsenergie) ist auf deren Fähigkeit zur Donator- und Acceptorwechselwirkung mit Ladungsträgern bzw. polaren Bindungen zurückzuführen.

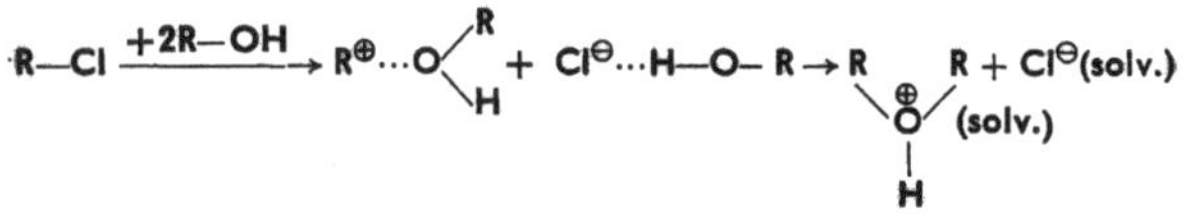

Bei nucleophilen Substitutionen (S_N-Reaktionen) ist deshalb immer mit einer Konkurrenz des Lösungsmittels um das Carbeniumion zu rechnen.

Zur Verdeutlichung der Lösungsmittelbeeinflussung der Carbeniumionenstabilität ist das Ionisations-Dissoziations-Schema nach Winstein geeignet. Dabei wird für die Konkurrenz von Nucleophil, Gegenion und Lösungsmittel um das Carbeniumion folgendes Gleichgewicht postuliert:

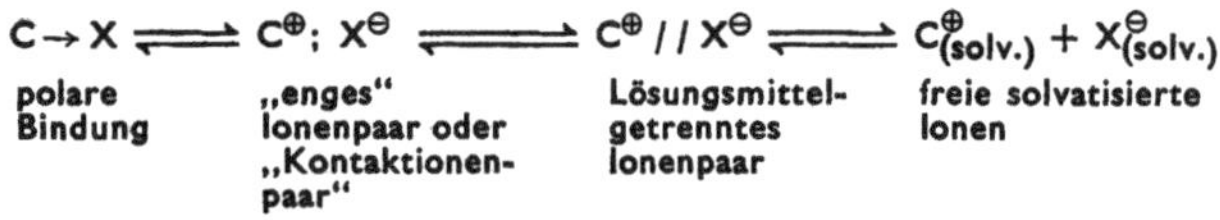

Diese Zustände entsprechen Abstufungen im „Grad der Ladungstrennung“ bzw. der „Dichte des Ionenpaares“. Die Lage dieses Gleichgewichtes wird durch die Solvatationskraft des Lösungsmittels ($\Delta G_{\text{Solv.}}$) bestimmt. Stark solvatisierende Lösungsmittel (polar protische) können mit Kationen und Anionen in Wechselwirkung treten, so daß diese praktisch als „freie solvatisierte Ionen“ vorliegen.

Schwach solvatisierende Lösungsmittel (dipolar aprotische) bewirken dagegen nur eine gewisse „Lockerung der Bindung“, so daß sie zwar als ionisiert aber nicht als dissoziiert gelten kann.

2.1.2.6. Zur kinetischen Stabilität von Carbeniumionen

Die Lebensdauer von Carbeniumionen ist wie schon weiter oben erwähnt wichtig für deren direkten Nachweis bzw. für die Möglichkeit zur exakten Strukturanalyse und für die Abschätzung der Reaktivität in bezug auf verschiedene mögliche Konkurrenzreaktionen des Carbeniumions. Die Reaktionsgeschwindigkeit unstabilisierter, sogenannter „nackter" oder auch „heißer" Carbeniumionen mit nucleophilen Reagenzien ist im allgemeinen sehr hoch.

Ein Beispiel enthält Tab. 5.

Tabelle 5
Pulsradiolytisch bestimmte absolute Geschwindigkeitskonstanten für die Reaktion:
$Ph_3C^{\oplus} + B \rightarrow Ph_3C{-}B$ in 1,2-Dichlorethan bei 297 K

Nucleophil (B)	$k/10^{10}\ l \cdot mol^{-1}\ s^{-1}$
$Cl^{\ominus}$	8,0 ± 2,5
$Br^{\ominus}$	5,6 ± 0,7
$J^{\ominus}$	3,6 ± 0,5
$(C_2H_5)_3N$	0,013 ± 0,005
$(C_3H_7)_3N$	0,013 ± 0,005
$(C_4H_9)_3N$	0,0007 ± 0,0003

Unter den angegebenen Bedingungen besitzen die Carbeniumionen nur eine sehr geringe Lebensdauer. Zur Erhöhung der Lebensdauer und damit der kinetischen Stabilität des Carbeniumions muß die Nucleophilie des Gegenions bzw. des potentiellen Reaktionspartners gesenkt oder die Elektrophilie des Carbeniumions vermindert werden. Neben der bereits behandelten Stabilisierung durch stereoelektronische Einflüsse der Substituenten am Kation sowie durch Solvatation spielen dabei vor allem folgende Stabilisierungsmöglichkeiten eine Rolle:

a) Stabilisierung durch das Gegenion

Die Halogene bilden Ionen mit relativ hoher Reaktivität gegenüber vielen Carbeniumionen. Werden diese Gegenionen durch Komplexbildung stabilisiert,

$$X^{\ominus} + MtX_n \rightarrow MtX^{\ominus}_{n+1}$$

so nimmt ihre Nucleophilie ab und damit auch die Reaktionsneigung gegenüber dem Kation, d. h., es erhöht sich der „Grad der Ladungstrennung im Zwischenzustand". Für die Reaktion

$$Ph_3C{-}X \overset{K}{\rightleftharpoons} Ph_3C^{\oplus} + X^{\ominus}$$

wurden die folgenden Dissoziationskonstanten gemessen:

Tabelle 6
Dissoziationskonstanten von Tritylsalzen des Typs Ph_3C-X, gemessen bei 298 K in 1,2-Dichlorethan

Gegenion ($X^{\ominus}$)	K
$Cl^{\ominus}$	ca. 10^{-8}
$SbF_6^{\ominus}$	$2{,}02 \cdot 10^{-4}$
$SbCl_6^{\ominus}$	$2{,}21 \cdot 10^{-4}$
$FeCl_4^{\ominus}$	$2{,}15 \cdot 10^{-4}$

Eine derartige „Stabilisierung des Gegenions" wird auch in den sogenannten „superaciden" Medien erreicht.

b) Stabilisierung durch Komplexierung der Carbeniumionen:

Elektronendefizitverbindungen sind starke Elektronenacceptoren, die mit entsprechenden Donatoren EDA-Komplexe bilden können. Wenn diese Elektronendonatoren nun selbst nicht in der Lage sind, mit dem Kation zu reagieren, erfahren die Carbeniumionen durch diese Komplexbildung ebenfalls eine Stabilisierung.

Die π-Donator-stabilisierten Carbeniumionensalze sind zum Teil längere Zeit luftstabil und zersetzen sich erst bei Erwärmung.

Tabelle 7
Untersuchungen fester Komplexe von Triphenylmethylsalzen mit π-Donatoren
$Ph_3C^{\oplus} // SbCl_6^{\ominus} + D \rightarrow Ph_3C{-}D^{\oplus} // SbCl_6^{\ominus}$

Donator (D)	Thermischer Abbau (Abspaltung des Donators)	Bemerkung
Benzen	395 K	orange-rotes Salz
Toluen	367 K	gelb-oranges Salz
p-Xylen	361 K	hellrotes Salz
Mesitylen	399 K	ziegelrotes Salz

2.1.3. Zur Rolle von Carbokationen in chemischen Reaktionen

Verallgemeinert können alle Carbeniumionenreaktionen als Wechselwirkungen des elektrophilen Zentrums mit Nucleophilen bzw. Donatoren betrachtet werden. Als Nucleophile kommen freie Elektronenpaare, π-Elektronensysteme und σ-Bindungen in Frage. Die relative Reaktivität eines Carbeniumions wird somit von dessen Elektrophilie (bzw. Acceptorfähigkeit) und der Nucleophilie (Donatorfähigkeit) des angreifenden Agens bestimmt. Daneben kann das Carbeniumion auch intramolekulare Reaktionen eingehen, die entweder z. B. durch Eliminierung zu einem stabilen Produkt oder zu einem umgelagerten Carbeniumion größerer Stabilität führen. Es ist einleuchtend, daß ein Carbeniumion hoher potentieller Energie und somit hoher Reaktivität in stärkerem Maße zu Parallel- oder Folgereaktionen neigt als bei geringerer Reaktivität. Die Veränderung der potentiellen Energie (thermodynamische Stabilität), z. B. durch Solvatbeeinflussung, oder die gegenseitige Verschiebung der absoluten Differenzen der Aktivierungsbarrieren für die Weiterreaktion des Carbeniumions (kinetische Stabilität), z. B. durch Temperaturbeeinflussung, stellen Möglichkeiten der Steuerung des Verhältnisses von Reaktivität und Selektivität dar. Die Kenntnis der Struktur der Carbeniumionen als Zwischenstufen chemischer Reaktionen bietet damit die Möglichkeit zur Reaktionssteuerung.

2.1.3.1. Nucleophile Substitutionen am gesättigten Kohlenwasserstoff

Um 1935 untersuchten INGOLD, HUGHES u. Mitarb. unterschiedliche Substitutionsreaktionen und bestimmten ihre Kinetik. Sie fanden zwei grundsätzlich verschiedene Typen des kinetischen Verhaltens von Solvolysereaktionen:

a) Beispiel: Hydrolyse von n-Butylchlorid (synchroner Reaktionsverlauf)

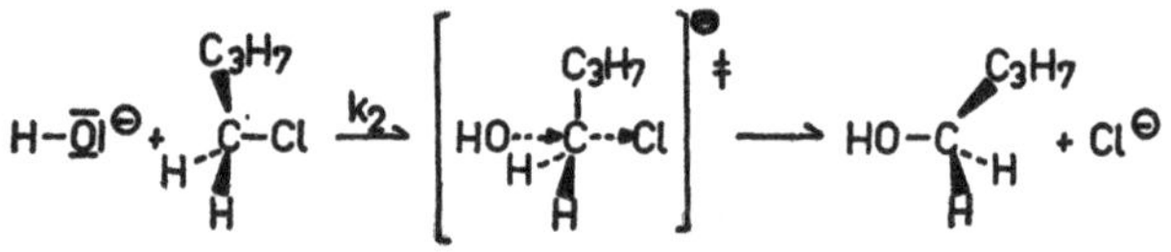

$$-\frac{d[n\mathrm{BuCl}]}{dt} = k_2[n\mathrm{BuCl}]\,[\mathrm{OH}^{\ominus}]\ (S_N{}^2\text{-Kinetik})$$

b) Hydrolyse von tert.-Butylchlorid (asynchroner Reaktionsverlauf)

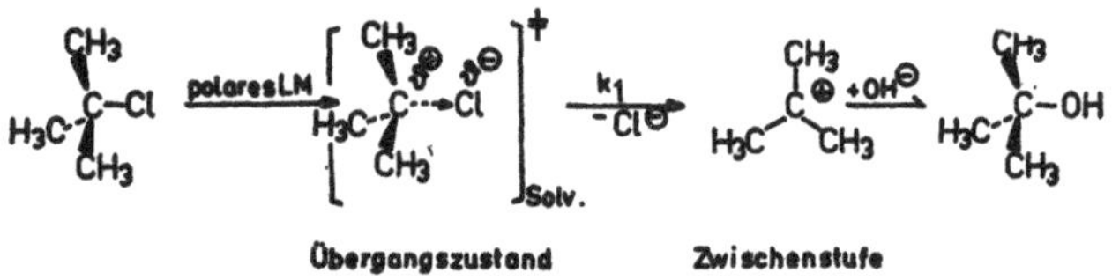

$$d[\mathrm{tert.\ BuCl}]/dt = k_1[\mathrm{tert.\ BuCl}]\ (S_N{}^1\text{-Kinetik})$$

Die wichtigsten Voraussetzungen für eine asynchrone Reaktion mit einem Carbeniumion als Zwischenstufe sind:

(a) wenig nucleophile Abgangsgruppe, wie z. B.

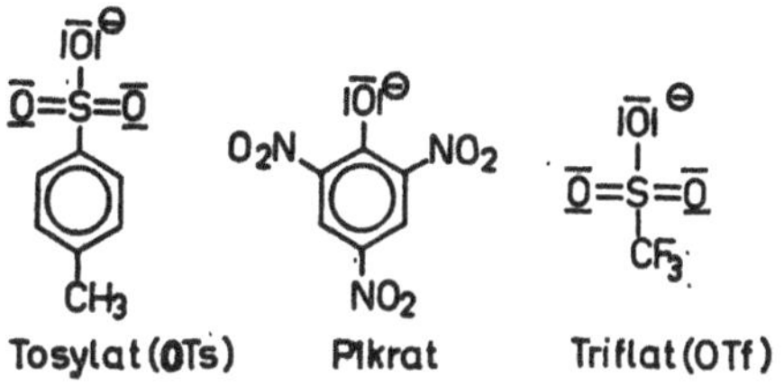

oder Katalyse der Heterolysereaktion durch Proton-Säuren

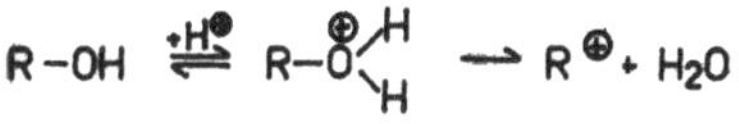

bzw. durch LEWIS-Säuren

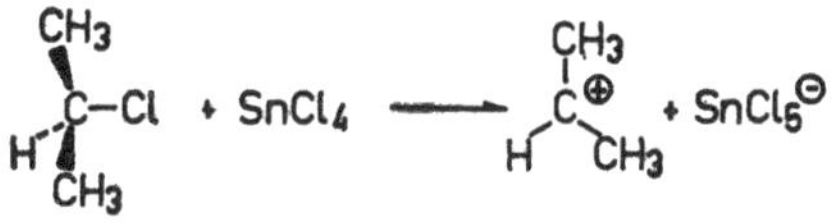

(b) gut solvatisierende Lösungsmittel: Das Solvens sollte in der Lage sein, die Heterolysereaktion dadurch zu begünstigen, daß es Kationen und Anionen gleichzeitig stabilisieren kann (polar protisch). Andererseits darf seine Nucleophilie nicht so hoch sein, daß es selbst als Reaktionspartner auftritt.

(c) stabile Carbeniumionenstruktur (vgl. Abschn. 2.1.2.).

Den Zusammenhang zwischen synchronem und asynchronem Mechanismus kann man entweder nach INGOLD als kontinuierlichen Übergang der Strukturen der Übergangszustände auffassen oder nach WINSTEIN und SCHLEYER als voneinander unabhängige Konkurrenzreaktionen.

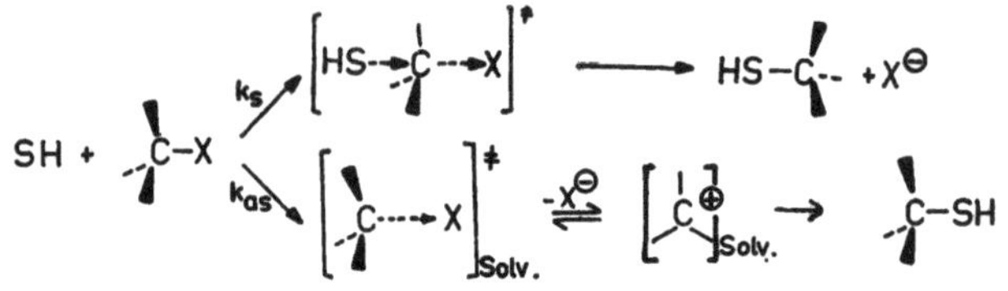

mit $k_{\text{Brutto}} = k_s + fk_{as}$

Offenbar spielt das Lösungsmittel als potentieller Reaktionspartner in der nucleophilen Substitution eine entscheidende Rolle für das Verhältnis synchron/asynchron und damit für die Kinetik S_N^2/S_N^1.

Grunwald und Winstein führten zur Abschätzung, welcher der beiden möglichen Reaktionsmechanismen bevorzugt verläuft, die Solvatationsparameter „Y" ein:

$$Y = m_s \lg \frac{k(\text{Solvent})}{k_0(80\%\ \text{aq. Ethanol})}$$

mit k ··· Geschwindigkeitskonstanten der Solvolyse von tert.-Butylchlorid

m_s ··· „Solvent-Suszeptibilitäts-Konstante" relativ zu tert.-Butylchlorid

Mit Hilfe der m_s-Konstanten erhält man Hinweise wie stark in Abhängigkeit von der Struktur des Substrates und von der Nucleophilie der Abgangsgruppe der Einfluß des Lösungsmittels auf das Verhältnis synchroner/asynchroner Reaktionsverlauf ist.

Tabelle 8
Zusammenhang zwischen Solvent-Suszeptibilität und Reaktionsmechanismus

Substrat	m_s	Kinetik
tert.-Butyl-Cl	1,00	S_N^1
tert.-Pentyl-Cl	0,90	S_N^1
Benzhydryl-Cl	0,757	S_N^1
2-Adamantyl-OTs	0,91	S_N^1
Cyclohexyl-OTs	0,44	S_N^1 in stark polaren, S_N^2 in wenig polaren Lösungsmitteln
i-Propyl-OTs	0,42	
Ethyl-Br	0,34	
Methyl-Br	0,22	S_N^2

2.1.3.2. Elektrophile Addition an Doppelbindungen

Elektrophile Additionen von H—Cl, H—Br, H—J, Br—Cl, NO—Cl an Olefine verlaufen über ein intermediäres Carbeniumion:

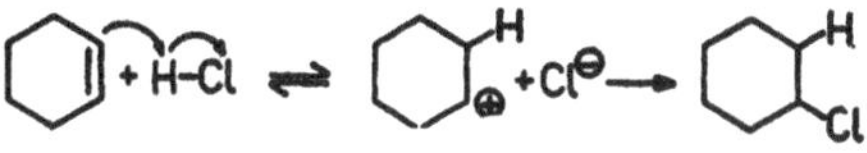

Beispiel:

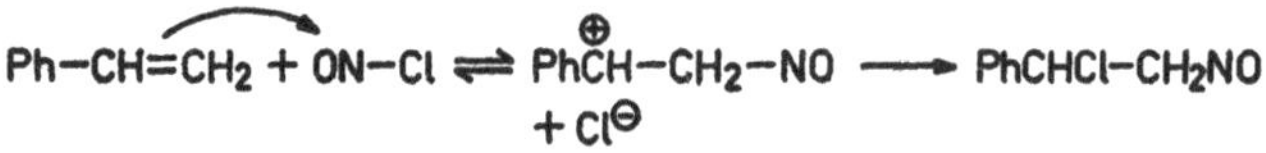

Der Verlauf dieser Reaktionen hängt im wesentlichen von der Stabilität der intermediär entstehenden Carbeniumionen ab.

Es ist in diesem Zusammenhang sowohl eine Beeinflussung der Reaktionsgeschwindigkeit als auch eine Beeinflussung der Produktverteilung bei möglichen Alternativstrukturen der Carbeniumionen festzustellen.

Zur Verdeutlichung sind folgende Beispiele geeignet:

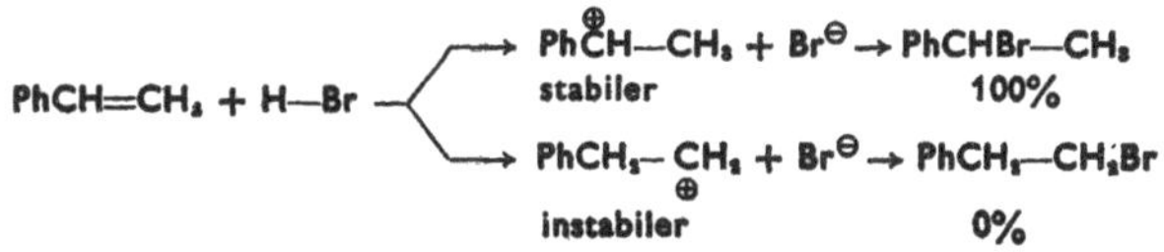

Beispiel: elektrophile Addition an Diene

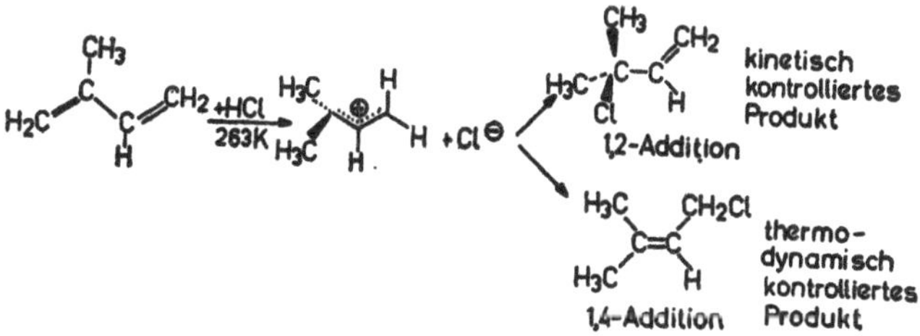

Beispiel: elektrophile Bromaddition — „trans-Addition"

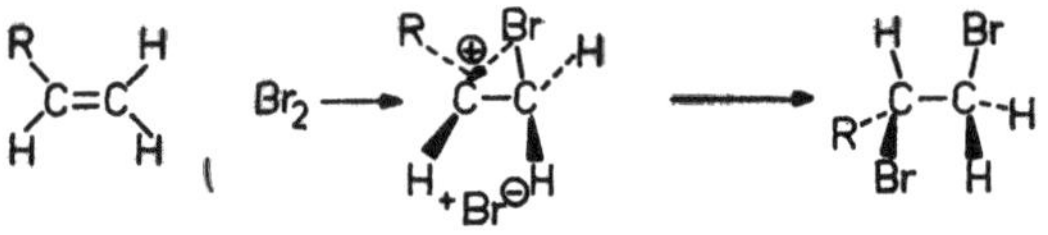

Beispiel: Hydroborierung und Hydroaluminierung — „cis-Addition"

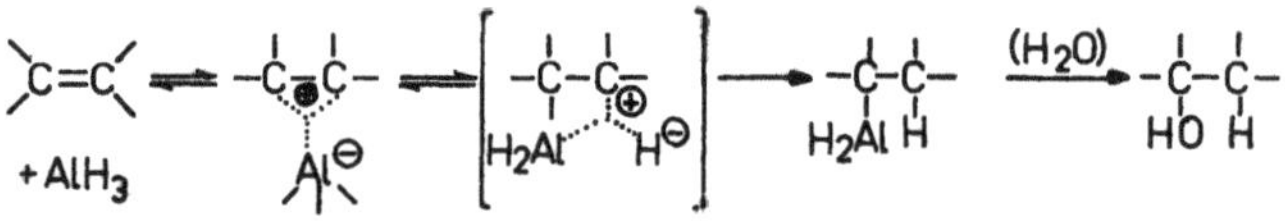

2.1.3.3. *Elektrophile Substitution am Aromaten*

Die Substitutionsreaktionen am aromatischen Kern wie Nitrierung, Sulfonierung, Halogenierung, FRIEDEL-CRAFTS-Acylierung und -Alkylierung zeigen alle einen ähnlichen Reaktionsverlauf. Die meisten dieser Reaktionen finden in stark sauren Medien bzw. in Gegenwart von LEWIS-Säuren statt, so daß ein Elektrophil als angreifende Spezies naheliegt.

$$R{-}Cl + AlCl_3 \rightarrow R^{\oplus} + AlCl_4^{\ominus}$$

$$R{-}COCl + AlCl_3 \rightarrow R\overset{\oplus}{C}O + AlCl_4^{\ominus}$$

$$HNO_3 + 2\,H_2SO_4 \rightarrow NO_2^{\oplus} + H_3O^{\oplus} + 2\,HSO_4^{\ominus}$$

Der allgemeine Mechanismus mit $E^{\oplus}$ als Elektrophil wird folgendermaßen formuliert:

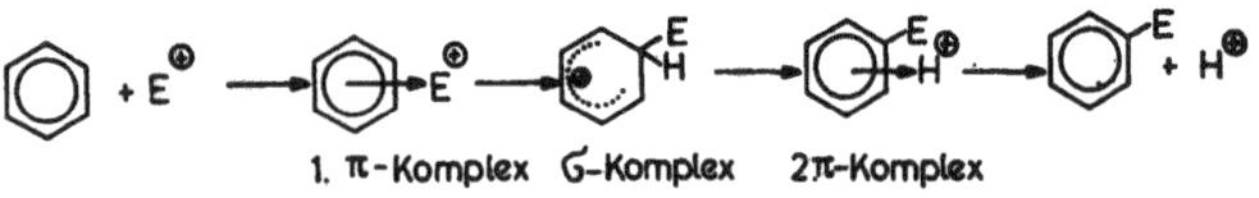

mit $E^{\oplus} \cdots NO_2^{\oplus}$, $R^{\oplus}$, $R\overset{\oplus}{C}O$, $Hal^{\oplus}$, $NO^{\oplus}$ usw.

2.1.3.4. Desaminierungsreaktionen

Primäre aliphatische Amine

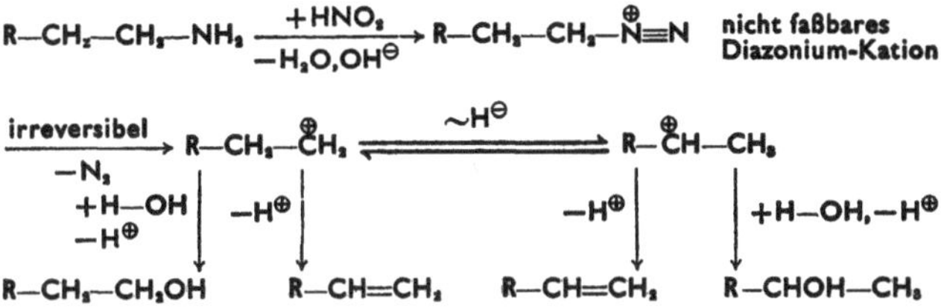

Die Produktverteilung wird bestimmt von der Stabilität des Carbeniumions (vgl. Abschn. 2.1.2.).

Die Desaminierung mit NOCl führt in Abhängigkeit von den Reaktionsbedingungen zu einer Produktverteilung, die wesentlich durch die Struktur der Zwischenstufe bestimmt wird (Tab. 9).

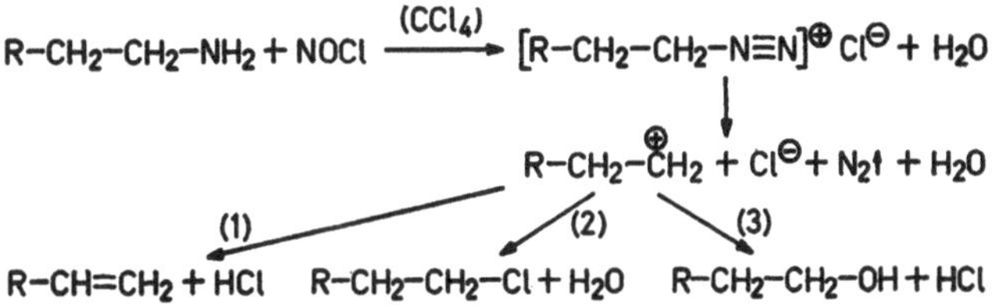

Tabelle 9
Produktverteilung bei der Desaminierung primärer aliphatischer Amine mit NOCl in CCl_4 bei 298 K in Gegenwart von P_4O_{10}

Amin	R−Cl (%)	R−OH (%)	Olefin (%)
Phenylethylamin	74	22	4
Cyclohexylamin	50	33,5	16,5
1-Isopropylcyclohexylamin	35,5	30	33,5

Die Stabilitätsunterschiede der als Zwischenstufen der Desaminierungsreaktion gebildeten primären, sekundären bzw. tertiären Carbeniumionen entscheiden über die

Produktverteilung der Reaktion. Die relativ stabilen tertiären Carbeniumionen bewirken einen höheren Grad der Ladungstrennung im Zwischenzustand und damit eine größere Wahrscheinlichkeit der intramolekularen Stabilisierung (sterische Entspannung) durch Bildung des Olefins nach Weg (1). Diese Ladungstrennung ist dagegen bei den sekundären bzw. primären Carbeniumionen geringer, wodurch die direkte Ionenrekombination (Weg (2)) bzw. die Substitution im Sinne einer S_N1-Reaktion (Weg (3)) gegenüber der Olefinbildung bevorzugt wird.

2.1.3.5. Reaktionen ambidenter Kationen

Ambidente Kationen sind elektronendefizite Verbindungen, in denen zwei oder mehrere elektrophile Zentren mit nucleophilen Reaktionspartnern zu unterschiedlichen Produkten reagieren können.

Beispiel: „MEERWEIN-Salze"

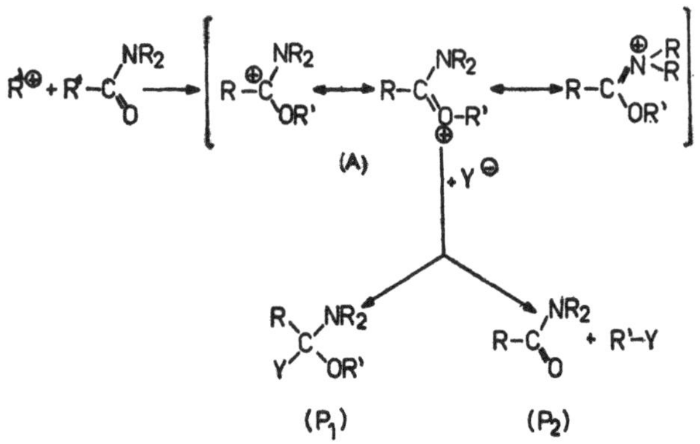

Das Nucleophil wird sich sehr schnell an das Atom geringster Elektronendichte (C-Atom) addieren (kinetisch kontrolliertes (P_1)). Besteht dagegen ein Gleichgewicht

$A \rightleftharpoons P_1$, so reagiert $Y^{\ominus}$ langsam mit A unter Entalkylierung zum thermodynamisch kontrollierten (P_2). Die Selektivität der Reaktion wird bestimmt durch:

die Struktur (Stabilität) des ambidenten Kations,
die Natur des Nucleophils ($Y^{\ominus}$) und
die Reaktionsdauer, die Temperatur, das Lösungsmittel

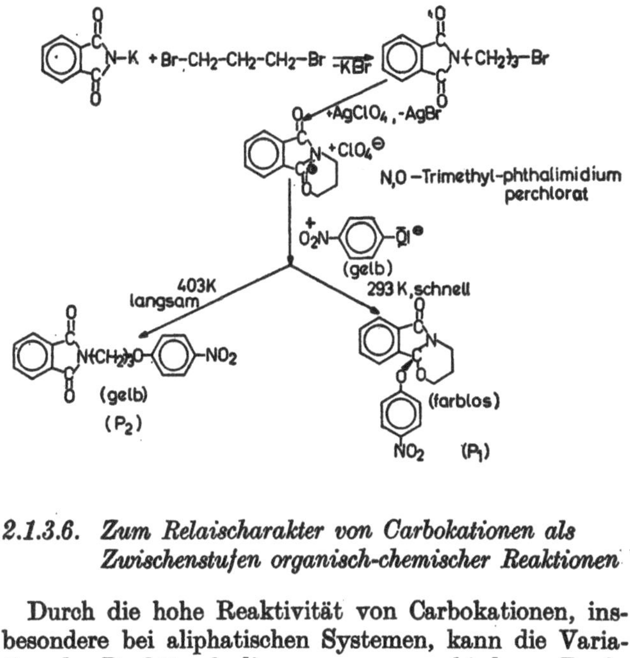

2.1.3.6. Zum Relaischarakter von Carbokationen als Zwischenstufen organisch-chemischer Reaktionen

Durch die hohe Reaktivität von Carbokationen, insbesondere bei aliphatischen Systemen, kann die Variation der Reaktionsbedingungen zu verschiedenen Reaktionsprodukten führen.

Wird ein Carbeniumion beispielsweise als Zwischenstufe einer elektrophilen Addition an Olefine gebildet,

$$H_2C{=}\underset{\displaystyle R}{\underset{|}{CH}} + X{-}Y \rightarrow X{-}CH_2{-}\overset{\displaystyle H}{\overset{|}{\underset{\displaystyle R}{\underset{|}{C^{\oplus}}}}} + Y^{\ominus}$$

kann sich das Kation auf unterschiedliche Weise durch intra- und intermolekulare Reaktionen stabilisieren:

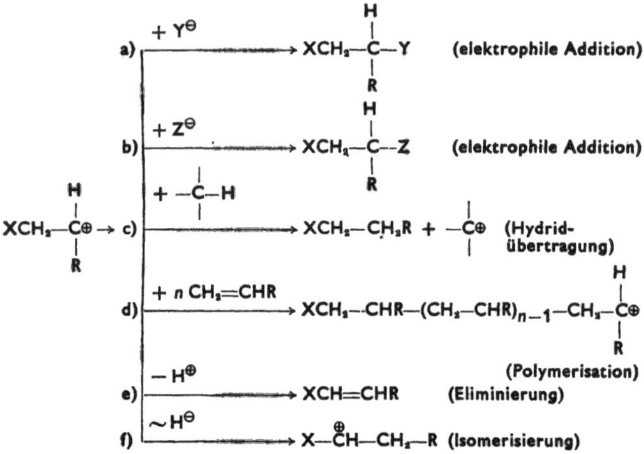

Lebensdauer und Folgereaktionen des Carbeniumions hängen sowohl von der Struktur (stereoelektronische Verhältnisse) der Zwischenstufe sowie von den Reaktionsbedingungen ab, die wiederum die Stabilität des Gegenions, die Nucleophilie der Reaktionspartner, den Grad der Ladungstrennung usw. bestimmen.

Befinden sich beispielsweise sterisch anspruchsvolle Substituenten am Reaktionszentrum, so sollten Eliminierung bzw. Isomerisierung anderen Reaktionsmöglichkeiten gegenüber bevorzugt ablaufen. Ist $Y^{\ominus}$ ein starkes Nucleophil ($F^{\ominus}$, $OH^{\ominus}$, $Cl^{\ominus}$), so sollte die elektrophile Addition die bevorzugte Reaktion sein.

Bei hohem Grad der Ladungstrennung und stabilen Gegenionen (z. B. $SbF_6^{\ominus}$) ist das Olefin das reaktivste Nucleophil gegenüber dem Carbeniumion und es erfolgen eine kationische Polymerisation oder mit diesem Mechanismus verbundene Konkurrenzreaktionen. Bei Gegenwart hydridübertragender Verbindungen (z. B. Cycloheptatrien) wird andererseits Weg c) beobachtet werden können.

2.2. *Carbene als reaktive Zwischenstufen*

2.2.1. *Definition und Struktur*

Carbene sind hochreaktive Verbindungen, die als Reaktivitätszentren sowohl ein freies Elektronenpaar als auch eine Elektronenlücke besitzen. Der Kohlenstoff hat also in diesen Verbindungen ein Elektronensextett. Da der Kohlenstoff normalerweise ein Oktett betätigt, wurde für diese Verbindungsklasse die Bezeichnung Elektronendefizitverbindung eingeführt. Der einfachste Vertreter ist das Methylen oder auch Carben. Das Carben kommt in zwei verschiedenen Strukturen vor:

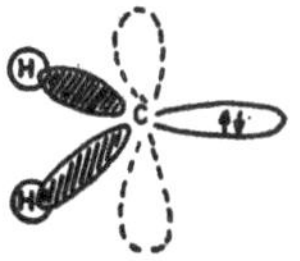

singulet $^{1}CH_2$:
sp^2-Orbitale analog
einem Carbeniumion;
Bindungswinkel 120°

triplet $^{3}CH_2$;
Geometrie fast linear;
Die ungepaarten Elektronen
besetzen $2p$-Orbitale des
Kohlenstoffs im Winkel von
90°.

Bei der triplet-Form handelt es sich um ein Diradikal. Beide Formen sind bekannt. Eine Mischung von beiden entsteht bei der Photolyse von Diazomethan in Gegenwart eines Inertgases durch Kollision.

2.2.2. *Nachweis von Carbenen*

Die direkte Beobachtung von Carbenen wurde durch die Elektronenresonanzspektroskopie (ESR) ermöglicht. Dabei gibt aber nur die triplet-Form ein Signal. Die Anregung erfolgt in der $g=4$-Region, d. h. bei der halben Magnetfeldstärke als für die Anregung von freien Radikalen notwendig ist.

2.2.3. *Herstellung von Carbenen*

Die wichtigste Darstellungsmethode sind thermische oder photochemische Zerfallsreaktionen, wobei das Prinzip in der Thermo- oder Photozersetzung geeigneter Moleküle besteht. Im nachfolgenden schematischen Beispiel soll das eliminierte X ein kleines, thermodynamisch stabiles Molekül sein.

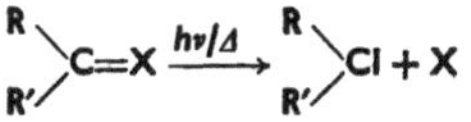

Beispiele:

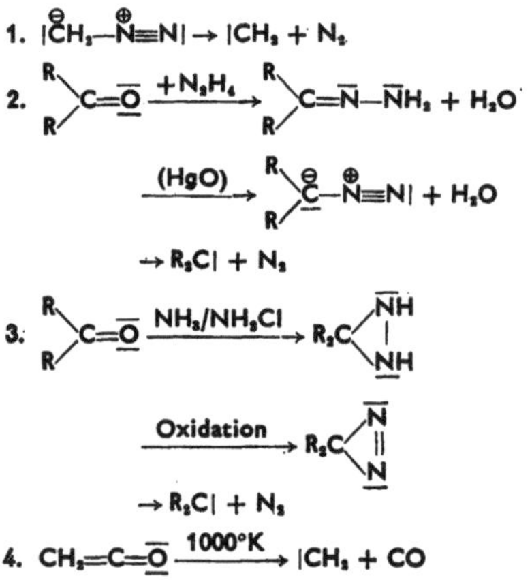

Da die Diazoalkane in reiner Form hochgiftige und außerdem explosive Verbindungen sind, zieht man ihrer Isolierung meist die Darstellung in situ vor. Man verwendet oft die in Beispiel 2 angegebene Oxidation von Ketohydrazonen oder die thermische Zersetzung von Nitrosomethylharnstoff. Lösungen von Diazomethan sind in der Kälte kurze Zeit haltbar.

Eine weitere Möglichkeit besteht in der Abspaltung einer nucleophilen Gruppe (N) und einer elektrophilen

Gruppe (E) an einem Kohlenstoffatom (sogenannte α-Eliminierung). Dabei müssen oft drastische Reaktionsbedingungen angewendet werden. Schematisch kann die Reaktion auf zwei Wegen ablaufen:

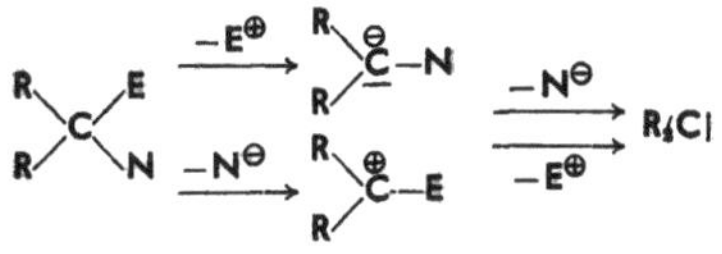

Beispiele:

1. $CHCl_3 + RO^{\ominus} \xrightarrow{-ROH} |CCl_3^{\ominus}$

$|CCl_3^{\ominus} \xrightarrow{-Cl^{\ominus}} |CCl_2$ (Dichlorcarben)

2. CCl_4 + Li—Butyl $\xrightarrow{-LiCl}$ $|CCl_2$ + Butylchlorid

2.2.4. *Reaktionen von Carbenen*

2.2.4.1. *Addition an Mehrfachbindungen*

Bei der Addition von Carbenen an eine C=C-Bindung werden fast ausschließlich cyclische Strukturen gebildet. Der Angriff an die Doppelbindung erfolgt mit dem Lewissäurezentrum, d. h. der Elektronenlücke. Die Reaktionsmöglichkeit ist nicht auf C=C-Doppelbindungen beschränkt.

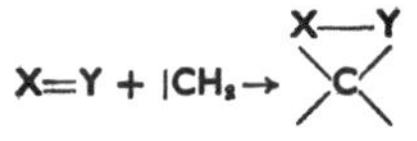

Beispiel:

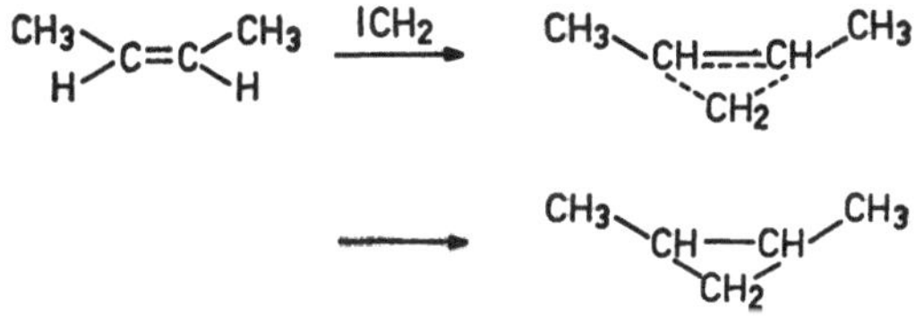

2.2.4.2. *Einschubreaktionen*

Die Einschubreaktionen von Carbenen sind für die Synthesechemie zur Kettenverlängerung von Kohlenwasserstoffen um ein Kohlenstoffatom sowie zur Darstellung von cyclischen Verbindungen von Bedeutung. Die Kettenverlängerung tritt als Nebenreaktion bei der Cyclisierung von Olefinen auf (intermolekularer Einschub, Beispiel 1). Bei Carbenen mit hinreichender Kettenlänge können intramolekulare Einschubreaktionen bevorzugt ablaufen (Beispiel 2). In diesem Fall entsteht ein substituiertes Cyclopropan.

Der Angriff erfolgt in beiden Fällen über die Elektronenlücke.

Beispiele:

1. $CH_2{=}CH{-}H + |CH_2 \rightarrow CH_2{=}CH{-}CH_3$
(Propen)

2.
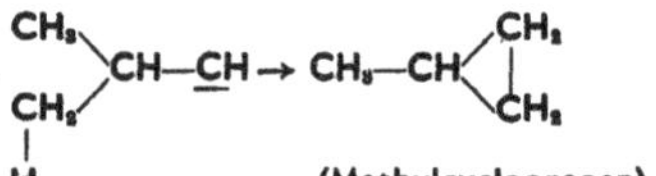
(Methylcyclopropan)

2.2.4.3. *Dimerisierungen*

Die reaktive Zwischenstufe Carben neigt bei der Synthese aus Diazoalkanen zur Stabilisierung, wobei ein Dimeres (z. B. Ethylen) gebildet wird. Die Dimerisierung erfolgt nicht als bimolekulare Reaktion zwischen zwei Carbenmolekülen, da in der Praxis die Konzentration an Carben äußerst gering ist. In der Regel reagiert das gebildete Carben sofort weiter. Eine Homodimerisierung nach 1. wäre also wenig wahrscheinlich, so daß Weg 2. naheliegend ist.

1. $2\,|CH_2 \nrightarrow CH_2 = CH_2$

2. $|CH_2 + |\overset{\ominus}{C}H_2{-}\overset{\oplus}{N}{\equiv}N| \rightarrow CH_2{=}CH_2 + N_2$

2.2.4.4. Addition von Nucleophilen

Carbene können leicht nucleophile Reagenzien addieren, da die Elektronenlücke zur Aufnahme eines freien Elektronenpaars befähigt ist.

$$|CH_2 + CH_3OH \rightarrow CH_3{-}\underline{\overline{O}}{-}\overset{\ominus}{\overline{C}}H_2 + H^{\oplus}$$
$$\rightarrow CH_3{-}O{-}CH_3$$

Bei der Reaktion von Diphenylcarben mit Alkoholen wird jedoch zunächst ein Proton abgespalten, das sich an das freie Elektronenpaar des Carbens addiert. Dann erfolgt die Anlagerung des Nucleophils, wobei das Proton zurückgebildet wird.

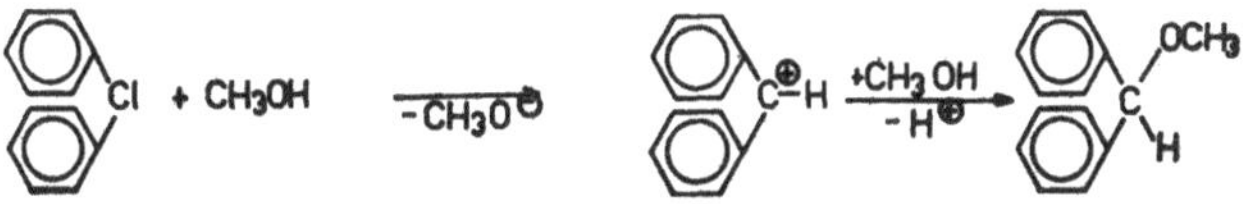

Die Ursache für die unterschiedlichen Reaktionsabläufe sind in den Substituenten des Carbens zu sehen. Man unterscheidet je nach Substitution zwischen elektrophilen Carbenen und solchen mit ausgeprägt nucleophilen Eigenschaften. Wir haben gezeigt, daß die Einschub- und Additionsreaktionen der Carbene auf ihren Elektrophilieeigenschaften beruhen. Die Elektrophilie überwiegt im Reaktivitätsverhalten aber nur bei unsubstituierten Carbenen oder bei zusätzlichen elektronenziehenden Substituenten. Bei Substituenten mit starkem Donatorcharakter dominieren die nucleophilen Eigenschaften, wie im vorgenannten Beispiel veranschaulicht wurde.

2.2.4.5. Umlagerungen an Carbenen als Zwischenstufen

An substituierten Carbenen können sehr leicht Umlagerungen ablaufen. Dabei kommt es zu Hydrid-, Alkyl- und Arylwanderungen. Von besonderem Interesse für organische Synthesen ist die WOLFF-Umlagerung. Sowohl Alkyl- als auch Arylgruppen sind wanderungsfähig, und zwar erfolgt die Wanderung immer zur Elektronenlücke des Carbens. Dabei entstehende positive oder negative Ladungen werden durch die Bildung einer Doppelbindung ausgeglichen. Einige Beispiele sollen diesen Umlagerungstyp veranschaulichen.

Beispiele:

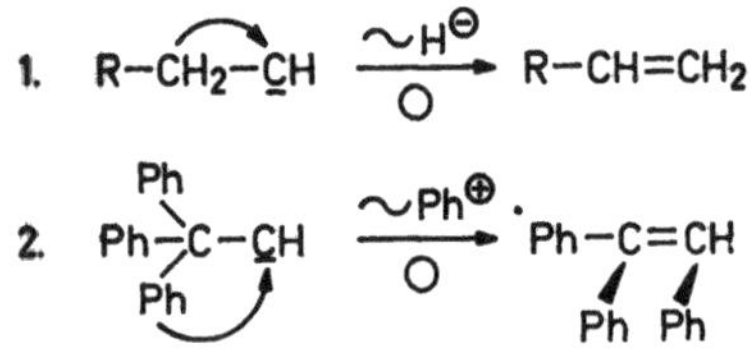

WOLFF-Umlagerung:

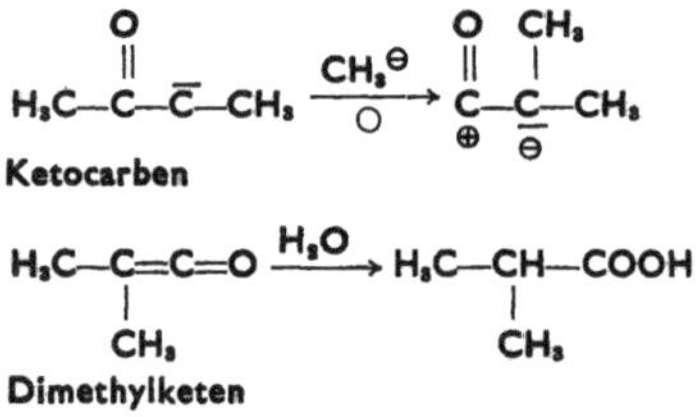

Bei der ARNDT-EISTERT-Reaktion wird eine Carbonsäure um ein Kohlenstoffatom verlängert. Man geht vom Carbonsäurechlorid aus, das mit Diazomethan umgesetzt wird. Das bei dieser Reaktion verwendete Diazomethan wird meist durch Thermolyse von Nitrosomethylharnstoff in situ hergestellt. An der reaktiven Zwischenstufe (Ketocarben) erfolgt dann die oben beschriebene WOLFF-Umlagerung.

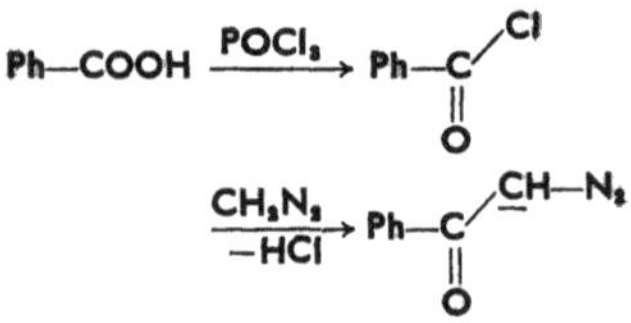

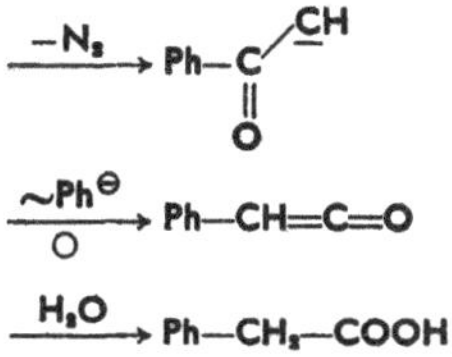

2.3. *Nitrene als reaktive Zwischenstufen*

2.3.1. *Definition und Struktur*

Nitrene sind ebenso wie Carbene als Elektronendefizitverbindungen aufzufassen. Die Nitrene enthalten einbindigen Stickstoff und ein Elektronensextett. Sie sind die Stickstoffanaloga der Carbene. Sie werden in der Literatur auch als Azene oder Imene bezeichnet. Bei der Betrachtung der elektronischen Struktur der Nitrene sind prinzipiell die gleichen Aussagen zu machen wie bei den Carbenen. Auch hier existiert neben einer singulet-Form eine triplet-Form mit Diradikalcharakter. Der Nachweis erfolgt ebenfalls durch Elektronenresonanzspektroskopie.

2.3.2. *Herstellung von Nitrenen*

Die Mehrzahl der Herstellungsmethoden basiert auf der außerordentlichen Instabilität von organischen Aziden. Daneben entstehen Nitrene bei der Oxidation von primären Aminen mit PbO_2. Ein Spezialfall ist die α-Eliminierung aus N-Carbethoxy-p-nitrobenzensulfonamid.

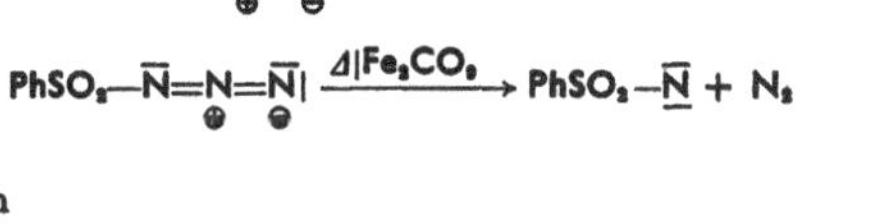

Bei 20—100 K ist das durch Bestrahlung erhaltene Nitren relativ stabil. Als Lösungsmittel für die Herstellung sind vor allem substituierte Furane geeignet.

2.3.3. Reaktionen über Nitrene

Isomerisierungen und Additionsreaktionen verlaufen völlig analog zu den Reaktionen von Carbenen. Für Synthesen interessant sind besonders intra- und intermolekulare Einschubreaktionen, da auf diese Weise leicht sekundäre Amine dargestellt werden können.

Beispiele:

1. $PhSO_2-\underline{\overline{N}} + H-Ph \longrightarrow PhSO_2-NH-Ph$

(intermolekularer Einschub)

2. 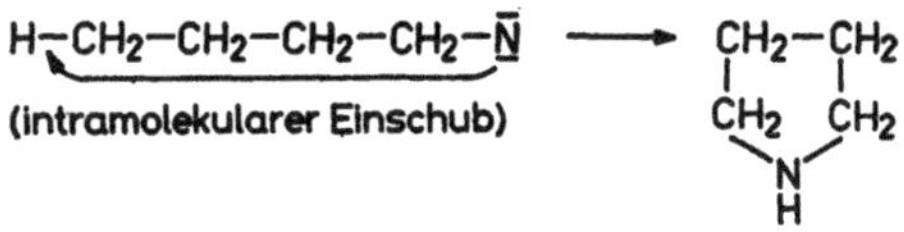

3. Vernetzung von Polypropylen durch Reaktion mit Alkylendiaziden

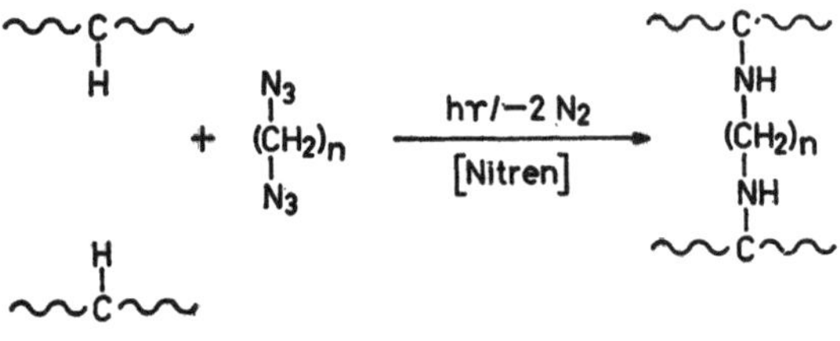

Die Maschenweite des entstehenden Netzwerkes ist durch die entsprechende Wahl der Länge der Alkylengruppe (Größe von *n*) im Diazid in gewissen Grenzen einstellbar.

2.3.4. *Dimerisierung*

$$Ph{-}N_3 + Ph{-}\overline{N} \rightarrow Ph{-}N{=}N{-}Ph$$

Wie bei der Carbendimerisierung ist eine direkte Reaktion zweier Nitrenmoleküle wenig wahrscheinlich (vgl. Abschnitt 2.2.4.3.), so daß der Reaktionsablauf über eine Primäranlagerung des Nitrens an ein freies Elektronenpaar im Azid angenommen wird.

3. Reaktive Zwischenstufen mit Elektronenüberschuß — Carbanionen und Carbanionoide

3.1. *Definition und Klassifizierung*

Um 1900 entdeckten SCHLENK und MARCUS im Diphenylmethylnatrium das erste freie, nicht komplex gebundene Carbanion. Der Fortschritt der Carbanionenchemie war danach lange Zeit gleichbedeutend mit dem Ausbau der Kenntnisse über metallorganische Verbindungen. Heute verstehen wir unter Carbanionenchemie die Chemie molekularer Systeme, die im Bereich eines oder mehrerer Kohlenstoffatome eine negative Überschußladung tragen.

Da Carbanionen im allgemeinen nicht frei vorkommen, sondern mehr oder weniger vom umgebenden Medium und den Gegenkationen beeinflußt werden, ist es notwendig, eine Einteilung in Abhängigkeit vom Grad der Ladungstrennung vorzunehmen. Wir wollen unter einem Carbanion eine vom Gegenion unabhängige Spezies verstehen, wobei natürlich elektrostatische Wechselwirkungen der Ladungskompensation bestehen. Die Solvathülle wird dabei gewissermaßen als Bestandteil der Ionen selbst betrachtet. Im Gegensatz zu den durch Donorlösungsmittel meist stark solvatisierten Gegenkationen sind Carbanionen allgemein nur wenig solvatisiert. Besteht dagegen zwischen dem Gegenion und dem Carbanion eine Wechselwirkung mit höherem Kovalenzanteil, so spricht man von Carbanionoiden. Carbanionoide erfahren oft eine zusätzliche thermodynamische Stabilisierung durch Assoziatbildung. Typische Beispiele dafür sind die dimeren Grignardverbindungen und die tetra- bis hexameren Lithiumalkyle. Die Carbanionoide sind in ihren Eigenschaften, besonders in ihrem Reaktionsverhalten den Carbanionen ähnlich ohne mit ihnen übereinzustimmen. Sie werden deshalb auch als potentielle Carbanionen bezeichnet. Bei strenger Anwendung unserer in Kap. 1. gegebenen Definition reaktiver Zwischenstufen sind Carbanionoide eigentlich mehr als hochreaktive Reagenzien aufzufassen.

Für die Carbanionen wurde eine auf der Verteilung bzw. Lokalisierung der Ladung beruhende Klassifizierung eingeführt.

Danach sind reine Carbanionen Systeme, in denen sich die negative Ladung ausschließlich am Kohlenstoffatom befindet. Diese können weiterhin in lokalisierte und de-

Tabelle 10
Klassifizierung von Carbanionen

Klasse	Unterklasse	Formel (schematisch)	Beispiele
reine Carbanionen	lokalisiert	$>C\|^{\ominus}$	Alkyl-,
		$=C\|^{\ominus}$	Vinyl-, Phenyl,
		$\equiv C\|^{\ominus}$	Acetylid-
	delokalisiert	$-C-\overset{\ominus}{C}-C-$	Allyl-, Cyclopentadienyl-,
partielle Carbanionen	*p*-konjugiert	$-\overset{\ominus}{C}-X-Y$	Nitromethyl-, Formylmethyl-,
	d-konjugiert	$-\overset{\ominus}{C}-S-CH_3$	Methylmercapto-methyl-,

lokalisierte Carbanionen unterteilt werden. Befinden sich außer dem Kohlenstoff auch Heteroatome im Bereich der Ladungsdelokalisation, so liegen partielle Carbanionen vor. Die Art der Ladungsverteilung kann dann noch weiter spezifiziert werden.

3.2. Bindungsverhältnisse und Struktur

Carbanionoide enthalten im allgemeinen eine mehr oder weniger stark polare Bindung. In Abhängigkeit vom organischen Rest und vom Gegenion unterscheiden wir zwischen mehr kovalenten Typen, repräsentiert durch die Lithiumalkyle, und ionischen Typen, z. B. den farbigen salzartigen Verbindungen der höheren Alkalimetalle. Die Unterschiede im Bindungszustand äußern sich deutlich in den physikalischen Eigenschaften:

kovalent: Lithiumethyl, F 95 °C, petroletherlöslich
ionisch: Natriumethyl, unschmelzbar, salzartig, petroletherunlöslisch

Häufig sind Carbanionoide assoziiert; z. B. wurden für Methyl- und Ethyllithium tetramere Struktureinheiten nachgewiesen, in denen ein innerer Metalltetraeder von vier Alkylgruppen über den Tetraederflächen umgeben ist. Die Tetraederspitzen wechselwirken mit dem jeweiligen Nachbartetraeder. Diesem Strukturtyp ist das Methylnatrium noch ähnlich, während im Methylkalium bereits isolierte Methylgruppen vorliegen, die trigonal-prismatisch von sechs Kaliumatomen umgeben sind. Diese Anordnung entspricht einem reinen Ionengitter.

Während Carbanionoide also eine ziemliche Vielfalt von Strukturen aufweisen, handelt es sich bei den echten Zwischenstufen, den Carbanionen um molekulare Systeme, in denen die negative Überschußladung mehr oder weniger stark delokalisiert ist. Ihre Reaktivität hängt in entscheidendem Maße vom Grad der Wechselwirkung mit dem Gegenion ab, der wiederum durch die Wahl geeigneter Lösungsmittel für die Reaktion gesteuert werden kann. Freie Carbanionen sind in einigen Fällen um den Faktor 10^2 bis 10^3 reaktiver als assoziierte Carbanionoide (vgl. Abschn. 3.5.).

3.3. Herstellung von Carbanionen

Folgende grundsätzliche Darstellungsmethoden seien genannt:

3.3.1. Anlagerung elektronenreicher Reagenzien an Olefine

a) Anlagerung von Elektronen

b) Anlagerung von Nucleophilen, d. h. Atomen oder Gruppen mit freien Elektronenpaaren (Symbol N)

Beispiele:

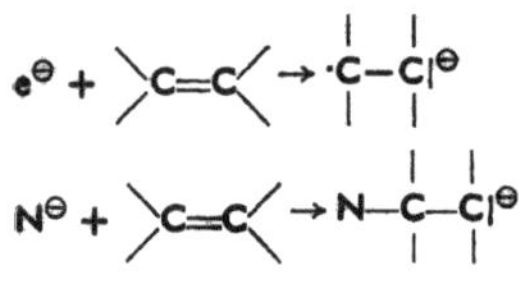

Die im ersten Beispiel entstehenden Radikalanionen (vgl. auch Kapitel 5.1.) können zu Dianionen kombinieren.

3.3.2. Ablösung elektronenarmer Gruppen

a) Ablösung von Elektrophilen (Symbol E), d. h. Atomen oder Gruppen mit Elektronenlücke

b) Spaltung unter Mitwirkung von Elektronen

Beispiele:

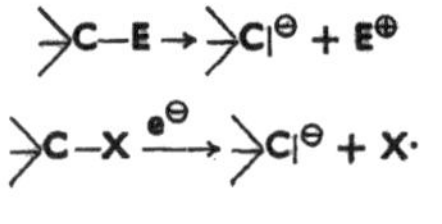

Das elektrophile Teilchen kann ein Metallkation sein, das sich unter Zurücklassung des Bindungselektronenpaares vom Kohlenstoff ablöst (ionische Dissoziation). Ein solcher Vorgang wird in der Regel durch basische (kationensolvatisierende) Lösungsmittel begünstigt.

$$\text{Li—Butyl} + \text{THF} \rightleftharpoons \text{Li}^{\oplus} \cdots\cdot \text{THF} + \text{Butyl}^{\ominus}$$

Ist E ein Wasserstoffatom, so wird $E^{\oplus}$ nur unter Basenkatalyse abgespalten. Auch andere Reaktionen wie z. B. die Bildung von Carbanionen durch Elektronenanlagerung an Radikale oder die Anlagerung von Nucleophilen an Carbene sind prinzipiell möglich.

Zur gezielten Herstellung von bestimmten Carbanionen und Carbanionoiden sind besonders der Metall-Wasserstoff-Austausch und der Metall-Halogen-Austausch geeignet, die folgendermaßen ablaufen:

Metall-Wasserstoff-Austausch: R—H + Li—Phenyl → $Li^{\oplus}R^{\ominus}$ + Benzen

Metall-Halogen-Austausch: R—Cl + Li—Butyl → $Li^{\oplus}R^{\ominus}$ + Butylchlorid

weitere Beispiele:

Um Carbanionen und Carbanionoide mit definiertem Gegenion zu erhalten, werden oft der Metall-Metall-Austausch und die Transmetallierung angewendet.

Beispiele:

Transmetallierung: $SnR_4 + 4\,LiR' \rightarrow SnR_4' + 4\,LiR$

$Sn(allyl)_4 + 4\,Li\text{—}Butyl \rightarrow SnBu_4 + 4\,Li\text{-}allyl$

$Sn(cyclopropyl)_4 + 4\,Li\text{—}Phenyl \rightarrow SnPh_4 + 4\,Li\text{—}\triangleleft$

Metall-Metall-Austausch: $R_2\text{-}Metall + 2\,Li \rightarrow Metall + 2\,LiR$

$Ph_2Hg + 2\,Li \rightarrow Hg + 2\,LiPh$

3.4. *Eigenschaften von Carbanionen*

3.4.1. *Physikalische Eigenschaften*

Physikalische und chemische Eigenschaften von Carbanionen sind in starkem Maße von der Natur der Gegenkationen abhängig. Die Wechselwirkung zwischen den Ladungsträgern kann so weit gehen, daß die spezifischen Eigenschaften des Ions ganz verloren gehen. Das wird z. B. beim Vergleich der Phaseneigenschaften der Lithiumalkyle mit denen der Alkyle der höheren Alkalimetalle deutlich. Substituenten am Kohlenstoffatom der Metall-Kohlenstoffbindung, die die negative Ladung durch Elektronenzug stabilisieren, führen zu Verbindungen, in denen der Ionencharakter stärker auftritt. Bessere Untersuchungs- und Charakterisierungsmöglichkeiten als beim Vergleich der Phaseneigenschaften und der Kristallstruktur sind durch spektroskopische und elektrochemische Methoden gegeben. So zeigt z. B. die elektrische Leitfähigkeit metallorganischer Verbindungen bei gegebener Struktur des organischen Anions einen systematischen Gang mit der Elektronegativität des Metalls. Man beobachtet neben geringfügigen Einflüssen der Ionenbeweglichkeit mit abnehmender Elektronegativität des Metalls eine höhere elektrische Leitfähigkeit, die auf eine steigende Ionisationsneigung zurückzuführen ist. Die „freieren" solvatisierten Ionen bewirken also eine höhere elektrische Leitfähigkeit. Die UV-Spektroskopie ermöglicht den Nachweis eines freien solvatisierten Carbanions, wenn die Lichtabsorption einer metallorganischen Verbindung unabhängig vom Metall ist. Dieser Effekt tritt bei Diphenyl-phenoxymethyllithium auf; es handelt sich also um einen freien organischen Chromophor. Bei zunehmender Beeinflussung des Carbanions durch das Gegenion beobachten wir in der Reihe K $<$ Na $<$ Li eine zunehmende Blauverschiebung, die auf der stärkeren Elektrophilie der kleineren Gegenionen und der damit verbundenen stärkeren Wechselwirkung beruht.

Bei der Untersuchung der Temperaturabhängigkeit des Spektrums von 9-Fluorenylnatrium in THF beobachtet man beim Abkühlen die Abnahme einer Bande bei 355 nm und gleichzeitig das Auftreten einer Bande bei 373 nm. Die Vorgänge sind reversibel und sprechen nicht auf stark dissoziierende Salze an. Es handelt sich also nicht um ein Ionisations-Dissoziations-Gleichgewicht, sondern um das Sichtbarwerden eines Übergangs zwischen zwei nicht dissoziierten Spezies einer carbanionischen Verbindung, den Übergang zwischen Kontaktionenpaar und solvatgetrenntem Ionenpaar.

Weitere Angaben über die Wechselwirkung zwischen Carbanionen und Gegenionen liefern die NMR- und IR-Spektroskopie. Besonders die IR-Spektroskopie hat zur Klärung von Problemen der Carbanionenchemie (z. B. über den Ionencharakter der Allylmetallverbindungen) beigetragen.

3.4.2. Chemische Charakterisierung und Nachweismöglichkeiten

Carbanionoide reagieren je nach Gegenion häufig mit sehr unterschiedlichen Geschwindigkeiten. Ambidente Anionen (vgl. Abschn. 3.5.2.), d. h. negativ geladene Systeme mit zwei nucleophilen Zentren erfahren durch Wechsel des Gegenions in jeder Position verschiedene Reaktivitätsveränderungen. Oft findet der Angriff eines Elektrophils nicht direkt am metallierten Kohlenstoffatom, sondern unter Verschiebung von Doppelbindungen an einer anderen Stelle des Moleküls statt.

Metallorganische Verbindungen sind aufgrund ihrer polaren C—Mt-Bindung als Zwitterionen aufzufassen. Sie enthalten ein nucleophiles und ein elektrophiles Zentrum. Die Nucleophilie des organischen Restes ist um so größer, je elektropositiver das Metall ist. So sind Alkalimetallorganyle starke Nucleophile, während Aluminiumalkyle bereits elektrophil reagieren. Treten außer acidem Wasserstoff noch heterofunktionelle Gruppen auf, so entscheidet die Elektrophilie des Metallatoms über den Charakter der Reaktion:

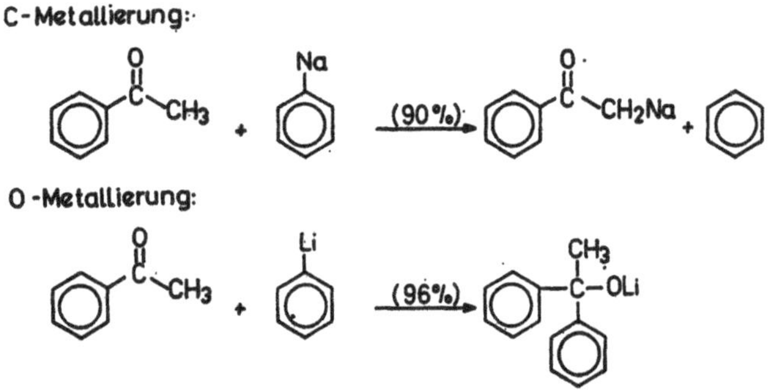

Neben mechanistischen Rückfolgerungen aus den Reaktionsprodukten ist bei Carbanionoiden auch ein direkter quantitativer Nachweis in einigen Fällen möglich. So wird die Konzentration von Metallorganyllösungen (z. B. $LiCH_3$) durch Hydrolyse und volumetrische Bestimmung des freigesetzten Methans erhalten (Zerewitinow).

3.4.3. Mediums- und Struktureffekte

Die Elektrophilie des Metallatoms läßt sich durch die Wahl eines geeigneten Lösungsmittels modifizieren. Beim Übergang zu stark polaren Donorlösungsmitteln wird der

Carbanionencharakter erhöht, bis quasi freie Carbanionen allein oder neben ihren Ionenassoziaten wirksam werden. Diese freien Carbanionen besitzen eine beträchtlich erhöhte Reaktivität und sind damit echte reaktive Zwischenstufen. Folgendes Beispiel soll die Reaktivitätserhöhung bei Zunahme der Polarität des Mediums veranschaulichen (Tab. 11).

Tabelle 11
Lösungsmitteleinfluß auf die Bruttogeschwindigkeit der anionischen Polymerisation von Styren (Umsatz pro Zeiteinheit)

Lösungsmittel	Umsatz/Zeit
Toluen	0,5
Diethylether	0,7
Tetrahydrofuran	1,0
Hexametapol (HMPT)	2,5

Diese Reaktivitätsänderung führte zum sogenannten Zweiwegmechanismus der anionischen Polymerisation. Die im Gleichgewicht befindlichen freien Ionen und Ionenpaare fungieren nebeneinander als Kettenträger der Wachstumsreaktion, wobei an das freie Polystyrenanion in THF 400mal schneller eine neue Monomereinheit addiert wird als an das assoziierte Polystyrenlithium. Stark reaktionsbeschleunigend wirken bei nucleophilen Reaktionen dipolar-aprotische Lösungsmittel wie Dimethylsulfoxid, Diglykoldimethylether, Hexamethylphosphorsäuretrisamid (HMPT) oder Kronenether. Der entgegengesetzte Effekt wird durch die Zugabe von anionenstabilisierenden Lösungsmitteln erreicht, besonders durch solche, die Wasserstoffbrücken bilden können. Von der Struktur eines Carbanions interessiert in erster Linie die unmittelbare Umgebung des negativierten Kohlenstoffatoms im Molekül oder, wenn die Ladung verteilt ist, der Aufbau des Delokalisationsbereiches. Die komplizierend wirkenden Gegenioneffekte sollen im folgenden nicht berücksichtigt werden. Die Stabilität des Carbanions hängt dann bevorzugt davon ab, ob die drei Bindungen, die das geladene Kohlenstoffatom betätigt, Einfach-, Doppel- oder Dreifachbindungen sind, d. h. von deren Hybridisierungszustand. Sie steigt in der Reihe $\rightarrow\!C|^{\ominus} < \rangle C{=}C\!\langle_{\ominus} < \equiv C|^{\ominus}$ entsprechend dem zunehmenden *s*-Charakter des Orbitals, in dem sich die beiden nichtbindenden Elektronen befinden.

Dieser Hybridisierungseffekt ist auf die höhere Elektronegativität von *s*-Orbitalen gegenüber *p*-Orbitalen zurückzuführen. Die erhöhte Stabilität der Carbanionen an zwei- und dreifach gebundenen Kohlenstoffatomen äußert sich deutlich in der Deprotonierungsgeschwindigkeit ($\lg k_{-H^{\oplus}}$) der C—H-Säuren und noch stärker in der Zunahme der thermodynamischen Acidität (pK_a).

Tabelle 12
pK_a-Werte von C—H-Säuren — thermodynamische C—H-Acidität

Säure	pK_a
CH_3-CH_2-H	42
$CH_2{=}CH-H$	36,5
$CH{\equiv}C-H$	25

Je stabiler das gebildete Anion ist, um so größer wird also die Deprotonierungsgeschwindigkeit bzw. die Acidität der C—H-Säure. Konjugative Wechselwirkungen schaffen eine zusätzliche Stabilität, indem das carbanionische Elektronenpaar unter Betätigung neuer Partialbindungen mit leeren Nachbarorbitalen wechselwirkt. Benachbarte π-Zentren sind zur Überlappung befähigt, sofern sich die Orbitale parallel einstellen können. Auf diese Weise ist die Stabilisierung von Carbanionen durch benachbarte aromatische Reste zu erklären. Außerdem können z. B. C=O- und C=N-Bindungen Carbanionen stabilisieren. Die konjugative Stabilisierung von Carbanionen wird am besten deutlich an delokalisierten anionischen Systemen, wie sie bei der Allylumlagerung und der Keto-Enol-Tautomerie auftreten.

Allylumlagerung:

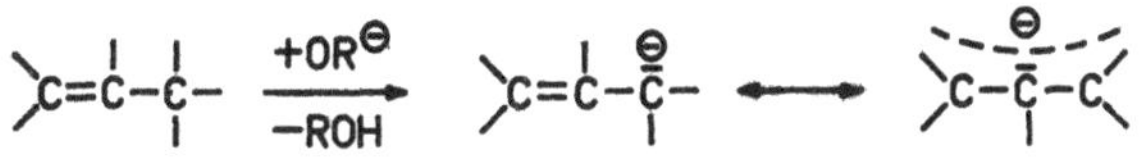

Keto-Enol-Tautomerie

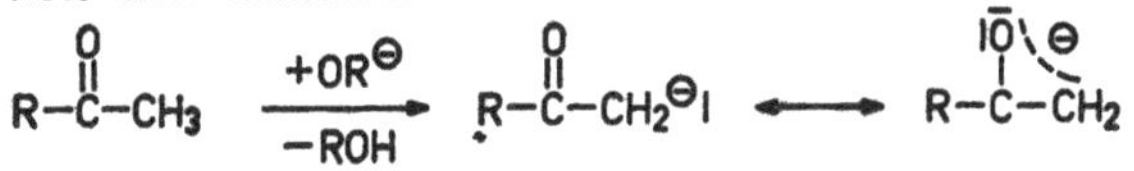

Die nucleophilen Eigenschaften von solchen anionischen Systemen sind abgeschwächt. Eine hohe Nucleophilie setzt dagegen eine hohe Lokalisation der Ladung auf dem C-Atom voraus.

3.5. *Reaktionen mit Carbanionen und Carbanionoiden als Zwischenstufen*

3.5.1. *Reaktionen mit elektropositiven Zentren*

Die naheliegendste Reaktionsmöglichkeit eines Carbanions ist die Reaktion mit Kationen oder im weiteren Sinne mit elektropositiven Zentren. Im einfachsten Fall handelt es sich dabei um ein Proton, und es kommt zur Rückbildung des Kohlenwasserstoffs:

$$R|^{\ominus} + H^{\oplus} \rightarrow R\text{—}H$$

In der Praxis reagieren carbanionische Zwischenstufen häufig mit Verunreinigungen, die aciden Wasserstoff besitzen. Zu derartigen Nebenreaktionen sind vor allem Wasser, Alkohole und z. T. auch Amine befähigt, die unter Protonenabgabe ein stabileres Anion bilden. Dabei handelt es sich wie bei Reaktionen am partiell positivierten Kohlenstoffatom um nucleophile Substitutionen.

3.5.1.1. Nucleophile Substitutionen

Die nucleophile Substitution besteht im Austausch eines Nucleophils an einem elektrophilen Zentrum, wobei ein stabileres Anion gebildet wird. Im einfachsten Fall kann es sich um die Reaktion mit einem protischen Lösungsmittel handeln.

$$R|^{\ominus} + H_2O \rightarrow R{-}H + OH^{\ominus}$$

Eine typische Reaktion dieser Art ist die Desaktivierung der anionischen Polymerisation, wie sie durch Restwasser hervorgerufen wird. Bei der Reaktion von starken Nucleophilen (Natriumethyl) mit Aromaten wird der Aromat deprotoniert unter Bildung eines stabileren Anions.

Mitunter ist es notwendig, daß zunächst eine Präformierung des elektrophilen Zentrums im Molekül erfolgen muß, um den Angriff des Nucleophils zu ermöglichen. Dieser Fall tritt bei der Etherspaltung von THF mit Triphenylmethylmagnesiumbromid auf.

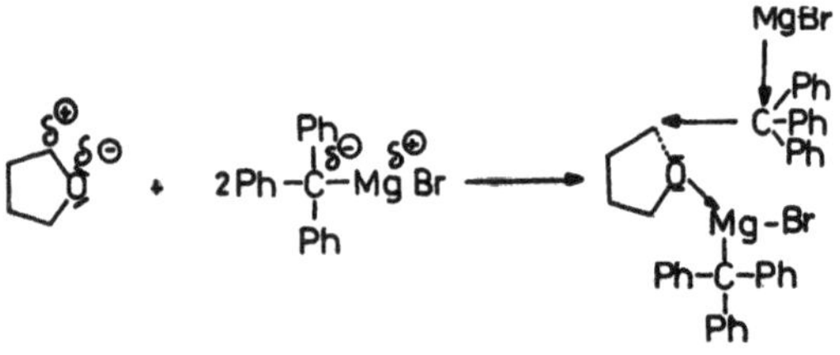

Die Magnesiumverbindung übt eine doppelte Funktion aus. Im ersten Schritt koordiniert das Metallion als Lewissäure am Ringsauerstoff, wodurch das benachbarte Kohlenstoffatom stärker positiviert wird. Dadurch wird der nucleophile Angriff und damit die Ringöffnung im zweiten Schritt erleichtert.

3.5.1.2. Addition an Mehrfachbindungen

Eine weitere Reaktionsmöglichkeit ist die Addition an Doppel-Bindungen. Die Addition an die C=C-Doppelbindung erfolgt besonders leicht, wenn sich elektronenziehende Gruppen an der Doppelbindung befinden. Ein Spezialfall dieser Reaktion ist die anionische Polymerisation. Prinzipiell ist auch eine Addition an C=N- und C≡N-Bindungen sowie an andere Mehrfachbindungen mit einem Heteroatom möglich.

1. anionische Polymerisation:

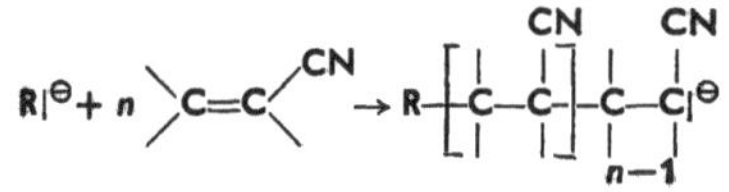

2. Addition an ⟩C=O:

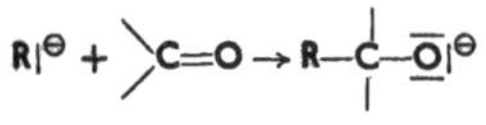

3. Addition an ⟩C=N—·

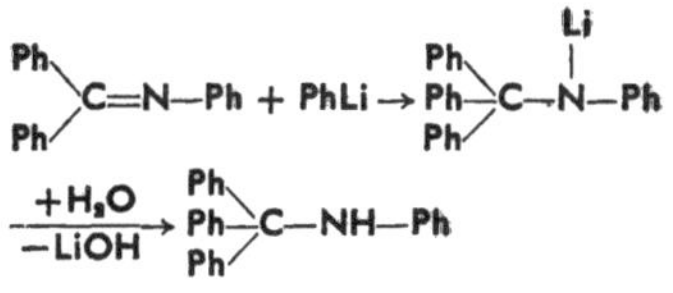

4. Addition an ⟩C≡N:

3.5.1.3. Umlagerungen

Wie bereits erwähnt neigen Carbanionen, die in Nachbarschaft zu π-Elektronensystemen stehen, zu einer konjugativen Stabilisierung. Da die nucleophilen Eigenschaften solcher Anionen abgeschwächt sind, tritt manchmal anstelle einer Weiterreaktion nur Isomerisierung auf. So bildet 2-Methyl-pent-1-en selbst in Gegenwart starker Basen kein Polymeres oder Oligomeres, sondern es entsteht in über 80%iger Ausbeute das 2-Methyl-pent-2-en. Die als Allylumlagerung bezeichnete Isomerisierung verläuft über eine delokalisierte anionische Zwischenstufe.

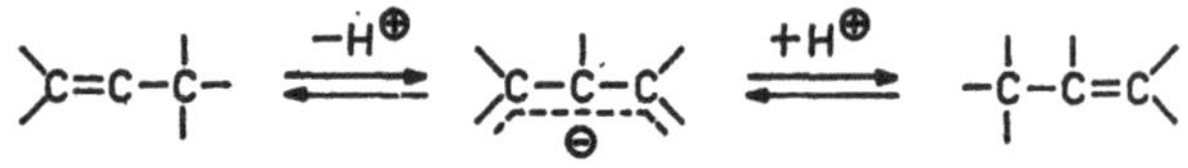

3.5.2. Ambidente Anionen

Insbesondere mit 1,3-ständigen freien Elektronenpaaren an Heteroatomen können Carbanionen durch konjugative Wechselwirkungen so stabilisiert werden, daß man nicht mehr von echten Zwischenstufen spricht. Sie können als Salze isoliert werden. Unter geeigneten Bedingungen führt die konjugative Stabilisierung dazu, daß im Anion zwei reaktive Zentren vorliegen. Man spricht von ambidenten Anionen. Ein typisches Beispiel ist das Natriumsalz des Acetessigesters, das durch Einwirkung von metallischem Natrium oder Magnesium auf Acetessigester leicht unter Wasserstoffentwicklung entsteht.

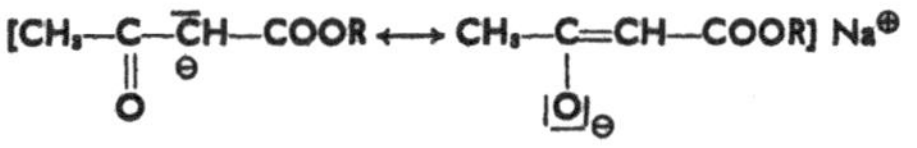

Dieses ambidente Anion reagiert mit elektrophilen Substanzen in Abhängigkeit vom Lösungsmittel entweder mit der nucleophilen Stelle (Carbanion) oder der Stelle mit der größten Elektronendichte ($-\overline{\underline{O}}|^{\ominus}$). So entsteht bei Einwirkung eines Säurechlorids in Benzen das C-Acylderivat, während in Pyridin überwiegend O-Acylierung auftritt.

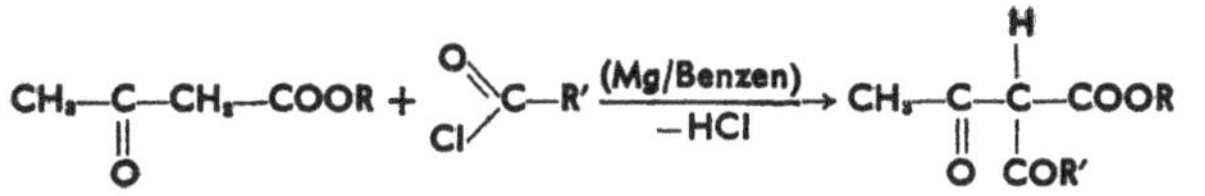

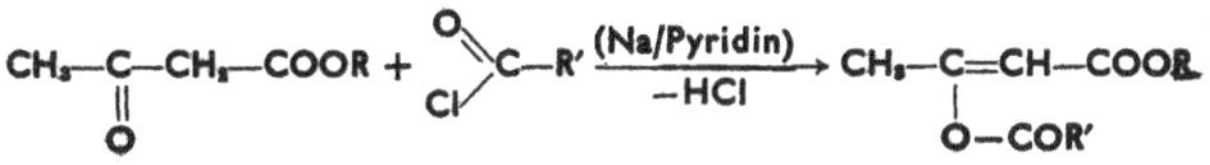

In unpolarem Lösungsmittel (geringe äußere Stabilisierung) dominiert die Reaktion mit dem Zentrum größter Nucleophilie. Der gleiche Fall tritt auf, wenn die Elektrophilie des Reaktionspartners vermindert wird. So werden bei der Umsetzung von Natriumacetessigester mit Alkylhalogeniden ($\overset{\delta\ominus}{R}-\overset{\delta\oplus}{X}$ ist ein schwaches Elektrophil) ausschließlich C-alkylierte Produkte gebildet. Die Nucleophilie der $-\overline{\underline{O}}|^{\ominus}$-Zwischenstufe reicht nicht aus, um mit dem Alkylhalogenid zu reagieren.

Weitere typische ambidente Anionen sind das Nitrition und das Cyanidion. Für diese Ionen gilt die von KORNBLUM aufgestellte Regel, daß bei nucleophilen Substitutionen unter S_N1-Bedingungen das Atom mit der größten Elektronendichte reagiert, während unter S_N2-Bedingungen, der nucleophilere Teil des ambidenten Anions reagiert. Es entstehen also folgende Produkte:

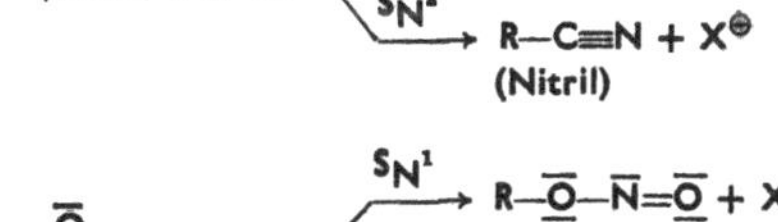

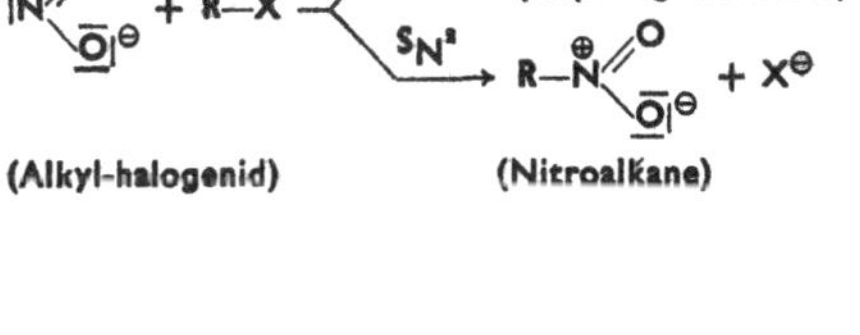

3.5.3. Oxidation zu freien Radikalen

Oft beobachtet man in der Praxis, daß Lösungen, die Carbanionen oder auch Carbanionoide enthalten, sauerstoffempfindlich sind. So laufen anionische Polymerisationen in Gegenwart von Sauerstoff nicht ab, und manche Organometallverbindungen entzünden sich an der Luft spontan oder explodieren sogar. Es handelt sich dabei um eine Oxidationsreaktion. Durch Elektronenabgabe erhält man zunächst Radikale, die mit Sauerstoff zu Peroxiden weiterreagieren. Die Peroxide zerfallen sehr schnell wieder und bilden die Acceptorradikale für weitere Reaktionen.

$$2\,Me^{\oplus}R^{\ominus} \xrightarrow[\text{(Verunreinigungen)}]{-2e^{\ominus}} 2\,R\cdot \xrightarrow{O_2} R{-}O{-}O{-}R \rightarrow 2\,RO\cdot$$

Als primäre Elektronenacceptoren wirken meist Spuren von Verunreinigungen. Die Primärreaktion läuft auch an einer Anode ab.

3.5.4. Keto-Enol-Tautomerie

Für bestimmte Reaktionen von Ketonen ist die Bildung des Enols oder des Enolations eine Voraussetzung. Beispielsweise verlaufen Bromierungen in α-Stellung zur Carbonylgruppe bei tiefer Temperatur nur über die genannten Zwischenstufen ab. Da der Anteil des Enols unter Normalbedingungen gering ist, muß die Reaktion mit Basen katalysiert werden. Das Enolation fungiert als reaktive Zwischenstufe.

Beispiel:

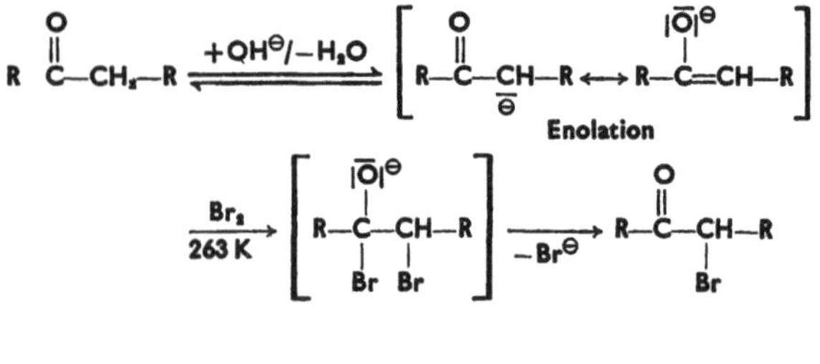

3.5.5. Addition von Metallorganylen an Carbonylgruppen

Carbanionen treten auch bei der Reaktion von Lithiumphenyl oder anderen Metallorganylen mit Carbonylverbindungen (z. B. Aceton) auf. Freie Carbanionen sind aber nur dann zu erwarten, wenn in einem sehr gut kationensolvatisierenden Lösungsmittel gearbeitet wird. Ein derartiges Medium sind die bereits erwähnten Kronenether, bei denen eine besonders günstige Komplexierungsmöglichkeit für das Metallkation und damit eine außerordentliche Stabilisierung der anionischen Zwischenstufe gegeben ist. Für die Addition an Carbonylverbindungen bewirkt diese starke Kationensolvatation eine extreme Erhöhung der Reaktionsgeschwindigkeit.

Beispiel:

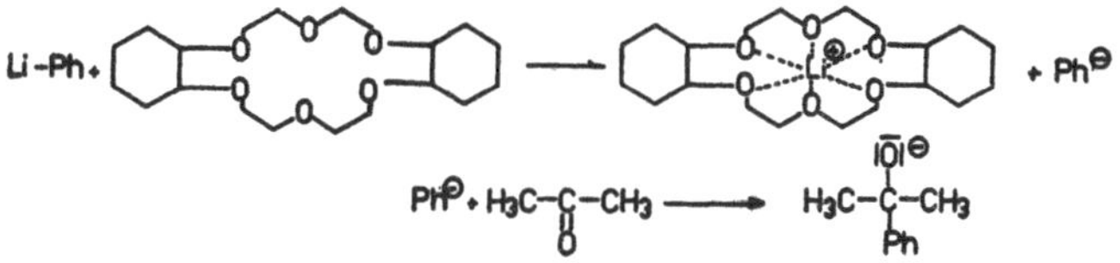

3.5.6. Michael-*Addition und anionische Polymerisation*

Bei der Michael-Addition, die ebenfalls zu den basenkatalysierten Reaktionen gehört, tritt ein resonanzstabilisiertes Anion als reaktive Zwischenstufe auf. In dem angeführten Beispiel erfolgt die Stabilisierung durch eine benachbarte Mehrfachbindung.

Beispiel:

$$CH_3CN| \xrightarrow{OR^{\ominus}} [|\overset{\ominus}{C}H_2-C\equiv N| \longleftrightarrow CH_2=C=\overset{\ominus}{\underline{N}}]$$

Das stärker nucleophile Kohlenstoffatom ist zur Addition an Mehrfachbindungen befähigt.

$$[|\overset{\ominus}{C}H_2-C\equiv N| \longleftrightarrow CH_2=C=\overset{\ominus}{\underline{N}}|] + CH_2=CH-COOC_2H_5$$

$$\rightarrow |NC-CH_2-CH_2-\underset{\ominus}{\underline{C}}H-COOC_2H_5$$

$$\xrightarrow[-RO^{\ominus}]{+HOR} |NC-CH_2-CH_2-CH_2-COOC_2H_5$$

In unserem Beispiel wird die Reaktion durch eine protonenaktive Verbindung abgebrochen. Das entstehende Anion ist aber auch in der Lage weiterzureagieren, wenn ein genügend elektrophiles Olefin als Reaktionspartner zur Verfügung steht. In diesem Fall kommt es zu einer anionischen Polymerisation. Die Polymerisationsreaktion wird in der Regel durch starke Basen ausgelöst. Metallorganyle wie Lithiumbutyl und Lithiumphenyl aber auch Grignardverbindungen sind geeignet für die Initiierung.

Beispiel:

$$\underset{\text{Acrylnitril}}{CH_2=CH-CN|} \xrightarrow{NH_2^{\ominus}} [H_2N-CH_2-\underset{\ominus}{\bar{C}}H-CN] + n(CH_2=CH-CN|)$$

$$\rightarrow H_2N-(CH_2-\underset{CN|}{CH}-)_n-CH_2-\underset{\ominus}{\bar{C}}H-CN$$

Bei weniger polaren Monomeren (z. B. Styren oder Butadien) ist unter extremen Reinheitskriterien das wachsende Anion nach vollständigem Monomerumsatz trotz seiner hohen Nucleophilie in Lösung stabil. Man spricht dann von einem „lebenden“ Polymeren.

Die Nucleophilie des anionischen Kettenendes (modifiziert durch Gegenion und/oder Lösungsmittel) beeinflußt bei der Polymerisation nicht nur die Reaktionsgeschwindigkeit in entscheidendem Maße. Besonders bei der Butadienpolymerisation werden daneben auch gravierende Einflüsse auf die Mikrostruktur des Produktes deutlich. Grundsätzlich entstehen 1,2-, 1,4-Z- und 1,4-E-Strukturen. Ihr Verhältnis wird von der Nucleophilie des

Kettenträgers beeinflußt. Diese kann z. B. in Abhängigkeit vom Lösungsmittel in gewissen Grenzen gezielt variiert werden. In unpolaren Lösungsmitteln wird aufgrund der geringen äußeren Stabilisierung ein enges Ionenpaar vorliegen, das nur ein langsames Kettenwachstum ermöglicht. Bei Lithiumorganylen als Initiator liegt eine polare Li—C-Bindung vor, die das Koordinationszentrum für einen Sechsring-Übergangszustand darstellt, der Butadien in einer cisoiden Anordnung enthält. Daher dominiert unter diesen Bedingungen ein Kettenaufbaumechanismus, der zur Bildung des 1,4-Z-Produktes führt. Mit zunehmender Polarisierung der Mt—C-Bindung (elektropositiveres Metall, polarere Lösungsmittel) verändern sich die Bedingungen für diesen Wachstumsmechanismus, und es entsteht in zunehmendem Maße die thermodynamisch stabilere 1,4-E-Form. In stark solvatisierenden Medien liegt schließlich ein stark nucleophiles Kettenende vor, das durch Wechselwirkung mit nur einer Doppelbindung in überwiegendem Maße 1,2-Produkt ergibt.

3.5.7. *Eliminierungen*

Auch Eliminierungen über Carbanionen sind prinzipiell möglich, wenn genügend stark elektronenziehende Gruppen die Bildung der Zwischenstufe erleichtern und besonders dann, wenn außerdem konjugationsfähige Systeme vorliegen. β-Nitrophenylethylether eliminiert bereits unter Einwirkung von Natriumalkoholat Phenol, wobei aus dem Carbanion zunächst das weniger nucleophile Phenolation gebildet wird.

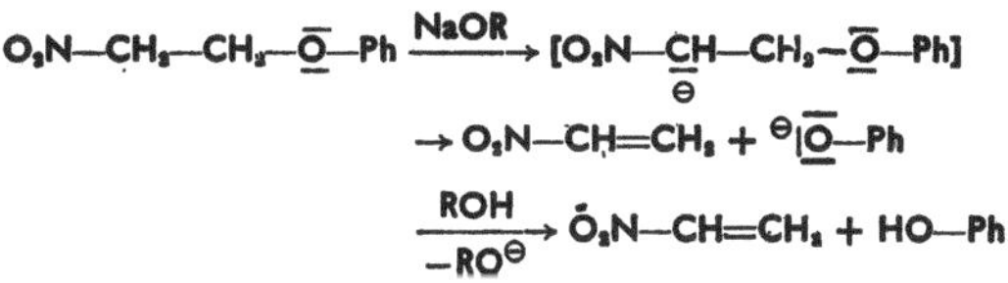

3.5.8. *Ylide als reaktive Zwischenstufen*

Schließlich sollen noch die für Synthesen sehr interessanten Ylide erwähnt werden. Sie stellen praktisch Zwitterionen dar. Ihre Reaktivität wird durch die Eigenschaften des carbanionischen Zentrums geprägt. Außer bei den Stickstoffyliden erfolgt stets eine Stabilisierung des gebildeten Carbanions durch Überlappung mit freien *d*-Orbitalen. Dadurch erfolgt ein partieller Ladungsausgleich. Ihre Darstellung soll am folgenden Beispiel verdeutlicht werden:

Beispiel:

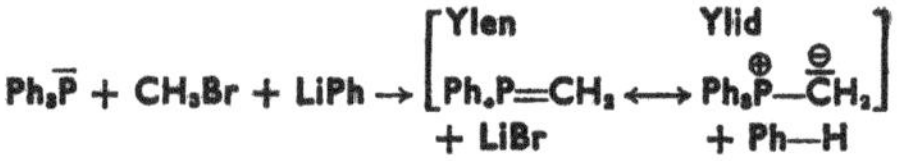

Das Carbanionzentrum des Zwitterions ist zu einer Vielzahl von Reaktionen mit elektrophilen Zentren befähigt, wobei hier nur an die Carbonylolefinierung nach WITTIG erinnert sei.

Beispiel:

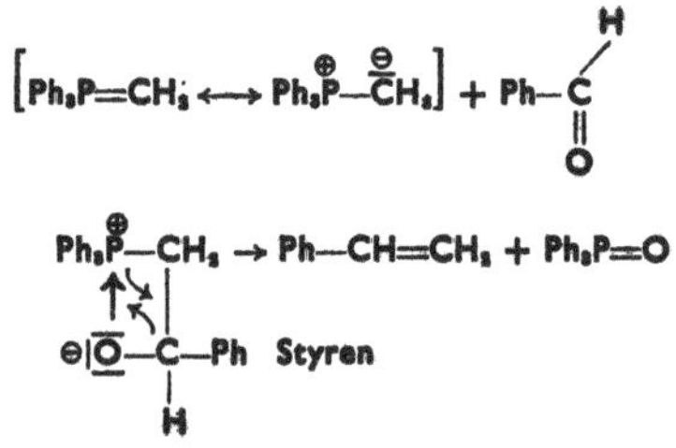

3.5.9. *Aldolreaktionen*

Bei Aldolreaktionen greift ein durch Basenkatalyse gebildetes Carbanion nucleophil eine Carbonylfunktion an. Das Carbanion leitet sich von einem Aldehyd oder einem

Keton ab und stellt eine enolatstabilisierte Zwischenstufe dar. Die wichtigsten Beispiele sind im folgenden Abschnitt zusammengefaßt.

3.5.9.1. *Aldoladdition*

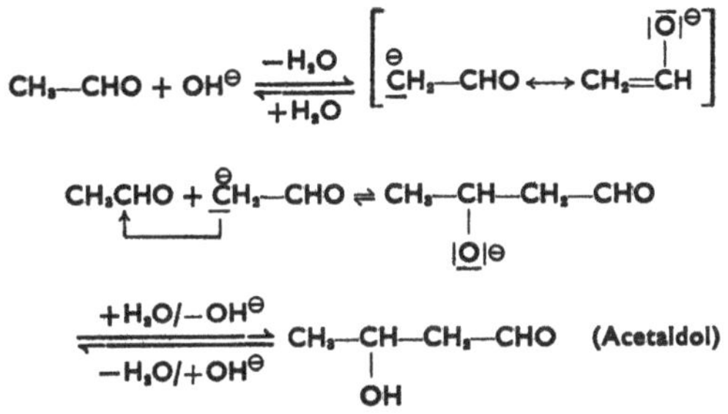

Wenn bei niedrigen Temperaturen gearbeitet wird, lassen sich die aliphatischen Aldole im allgemeinen ohne Schwierigkeiten isolieren. Bei den aus aromatischen Aldehyden entstandenen Aldolen schließt sich eine schnelle Dehydratisierung an, weil dadurch ein umfangreicheres Konjugationssystem gebildet werden kann. Aldehyde als Carbonylkomponente reagieren besonders leicht.

3.5.9.2. Claisen-Schmidt-*Reaktion*

Ketone fungieren bei einer Aldolreaktion aufgrund ihrer geringeren Carbonylaktivität immer als Methylenkomponente, wenn ein Aldehyd mit einem Keton reagiert. Auch Ketone ohne reaktiven α-Wasserstoff (Benzophenon) reagieren nicht mit methylenaktiven Aldehyden. Die Selbstaldolisierung des Aldehyds ist in diesem Fall bevorzugt. Die Claisen-Schmidt-Reaktion sei am Beispiel der Umsetzung von Aceton mit Acetaldehyd veranschaulicht.

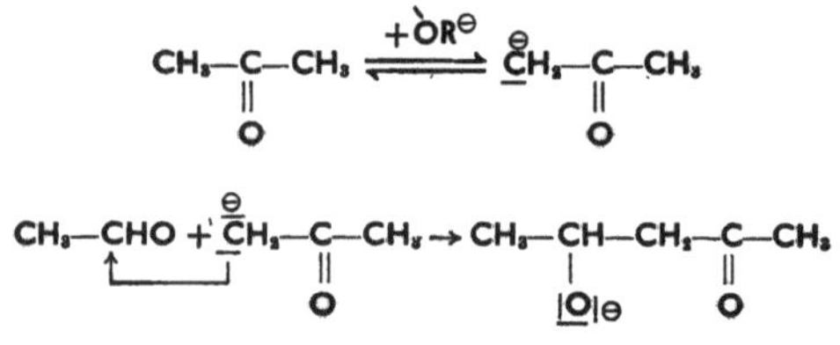

3.5.9.3. KNOEVENAGEL-*Kondensation*

Die KNOEVENAGEL-Kondensation ist ein Spezialfall der Aldolreaktion, bei der Methylenkomponenten mit besonders großer CH-Acidität eingesetzt werden. Dafür kommen Verbindungen in Frage, bei denen die Methylengruppe durch zwei elektronenziehende Substituenten aktiviert wird. Zu dieser Klasse gehören z. B. Malonester, Malonhalbester, Cyanessigsäure und ihre Ester, Malodinitril, β-Diketone und andere.

Infolge der potentiellen Konjugationsmöglichkeit der entstehenden Doppelbindung mit dem *β*-Dicarbonylsystem führt die Reaktion immer durch Wasserabspaltung zu den entsprechenden ungesättigten Verbindungen.

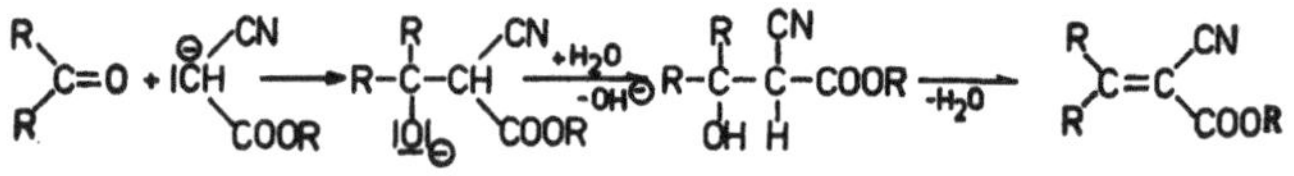

4. Radikale als reaktive Zwischenstufen

Radikale sind chemische Spezies (Moleküle, Atome, Ionen) mit einem oder mehreren ungepaarten Elektronen. Sie sind außerordentlich reaktionsfähig und haben meist nur eine kurze Lebensdauer, da sie bestrebt sind, ihre maximale Kovalenzbindigkeit wieder zu erlangen. Obwohl Radikale bei vielen organisch-chemischen Reaktionen als Zwischenstufen auftreten, ist ihre Existenz erst verhältnismäßig spät nachgewiesen worden. Das trifft vor allem auf die kurzlebigen Radikale zu, wie z. B. die aliphatischen Radikale ($CH_3\cdot$, $C_2H_5\cdot$) deren Lebensdauer in Größenordnungen von $<10^{-3}$ sec liegt. Der erste Nachweis eines kurzlebigen Radikals gelang PANETH und HOFEDITZ 1929 bei der Gasphasenpyrolyse von $Pb(CH_3)_4$ unter vermindertem Druck.

Wie bereits in Kap. 1. erwähnt, wurde dagegen von GOMBERG schon im Jahre 1900 das erste langlebige organische Radikal entdeckt. Bei der Umsetzung von Triphenylchlormethan mit Ag (WURTZ-FITTIG-Reaktion) erhielt er das intensiv gelbe Triphenylmethylradikal.

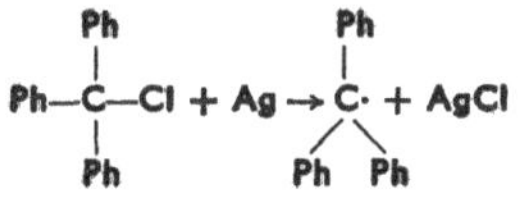

Das Radikal ist infolge der Resonanz des einsamen Elektrons am zentralen C-Atom mit den π-Elektronen der drei Phenylringe relativ stabil.

Die Nomenklatur der Radikale erfolgt in der Weise, daß der systematische Name oder der Trivialname der Gruppe vor das Radikal gestellt wird.

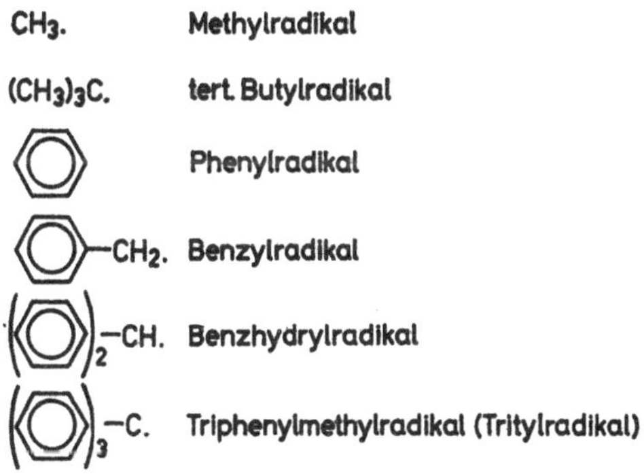

RO. Alkoxyradikal (R – aliphat. Rest)

ROO. Peroxyradikal

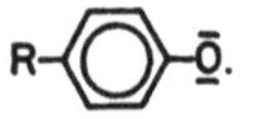
Aryloxyradikal

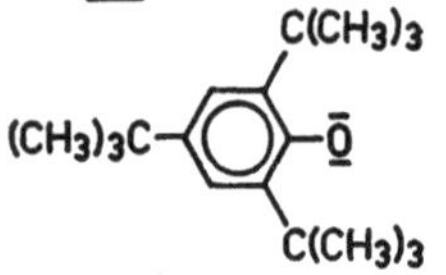
2,4,6-Tri-tert. Butylphenoxyradikal

$Ph_2N{-}\dot{\underline{N}}{-}Ph$ Triphenylhydrazylradikal

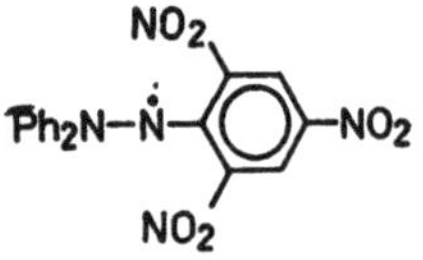
Diphenylpicrylhydrazyl

Außer den hier aufgezählten Monoradikalen gibt es auch Di- bzw. Triradikale, die entsprechend zwei bzw. drei ungepaarte Elektronen besitzen. Einfachstes Beispiel für ein Diradikal ist das Sauerstoffmolekül

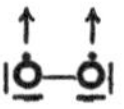

4.1. Darstellung freier Radikale

Freie Radikale entstehen bei der homolytischen Bindungsspaltung kovalenter Bindungen

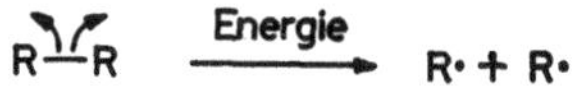

Die für die Homolyse notwendige Dissoziationsenergie kann in Form von thermischer Energie, Lichtenergie, energiereicher Strahlung, chemischer bzw. elektrochemischer Energie und mechanischer Energie zugeführt werden.

Im Gegensatz zur heterolytischen Bindungsspaltung, die aufgrund der Ionenbildung stark von der Polarität des Mediums abhängt, erfolgt die Homolyse bevorzugt in der Gasphase bzw. in Lösungsmitteln niedriger Polarität und wird nur wenig von der Natur des Lösungsmittels beeinflußt. Homonucleare Bindungen wie O—O, N—N, Hal—Hal dissoziieren bevorzugt homolytisch, da sie aus elektronischen Gründen wenig zur Bildung von sowohl positiven als auch negativen Ionen geneigt sind, wie sie bei heterolytischer Spaltung erhalten werden.

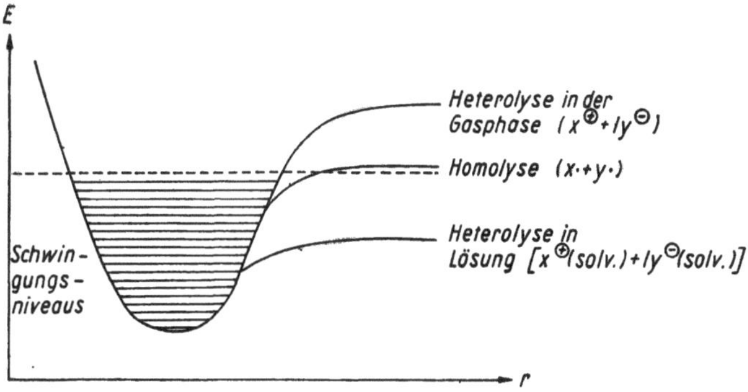

Abb. 12. Energieschema unterschiedlicher Bindungsspaltungen

In Abb. 12 ist das Energieschema für eine heterolytische und homolytische Bindungsspaltung in der Gasphase und in Lösung dargestellt. Die Energie für die Homolyse entspricht der Dissoziationsenergie unabhängig davon, ob die Spaltung in der Gasphase oder in Lösung abläuft.

In Tab. 13 sind die Dissoziationsenergien (E_D) in kJ/Mol bei 298 K für einige Verbindungen angegeben.

Die Bildung eines Wasserstoffradikals erfordert eine relativ hohe Energie. Die Dissoziationsenergie für die C—H-Spaltung nimmt für aliphatische Verbindungen in der Reihe vom Methan zum Isobutan ab. In der gleichen Reihe nimmt die relative Stabilität der verschiedenen Alkylradikale zu (s. Tab. 13).

Tabelle 13
Dissoziationsenergien für die Homolyse nach $R-X \rightarrow R\cdot + X\cdot$

R ↓ X→	H	CH_3	Cl	Br	J	OH
H	435	427	430	365	297	
CH_3	427	352	339	272	222	
C_2H_5	410				218	
i-C_3H_7	394		306	247	176	
t-C_4H_9	377					
C_6H_5	427					
$C_6H_5-CH_2$	349	264	285	214	163	
$CH_2=CH-CH_2$	349	260		193	150	
HO	502					218
Cl	430		242			
Br				192		
J					150	

Die Zunahme der Radikalstabilität von oben nach unten kann als Folge der Hyperkonjugation sowie sterischen Einflüssen der Größe des Restes R gedeutet werden.

Die niedrigen Dissoziationsenergien für die Bildung von Benzyl-, Allyl- und Tritylradikalen sind eine Folge der Resonanzstabilisierung des Radikalelektrons. Da im Phenylradikal keine Konjugation zwischen ungepaarten Elektronen und den π-Elektronen möglich ist, kann das Radikal nicht durch Resonanz stabilisiert werden. Die Dissoziationsenergie für die Bildung eines Phenylradikals liegt demzufolge mit 427 kJ/Mol sehr hoch. Nach der Art der Energie, die für eine homolytische Spaltung aufgeboten wird, unterscheidet man die folgenden radikalbildenden Prozesse.

4.1.1. Thermolyse

Je fester die Bindung ist, um so höhere Temperaturen werden zur Spaltung benötigt. C—H und C—C-Bindungen dissoziieren erst bei Temperaturen zwischen 1200 und 1300 K. Ein technisch wichtiges Beispiel ist die Crackung von langkettigen Kohlenwasserstoffen oberhalb 800 K in kurzkettige Alkane und Alkene (Benzin- bzw. Erdölpyrolyse). O—O-Bindungen zerfallen bereits zwischen 300 und 400 K. Die Thermolysetemperatur ist um so niedriger, je stabiler die entstehenden Radikale sind. Zum Beispiel liegt die Thermolysetemperatur für das Dibenzoylperoxid (1) niedriger als für das tert-. Butylperoxid (2), da das aus der ersten Verbindung entstehende Radikal resonanzstabilisiert ist.

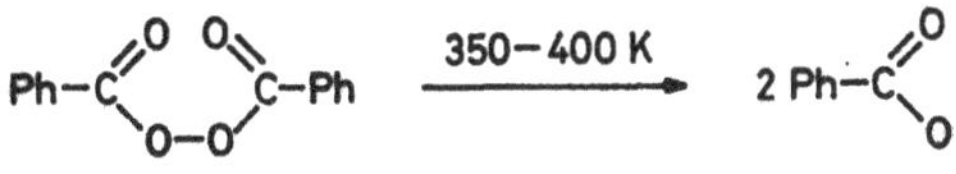

(1)

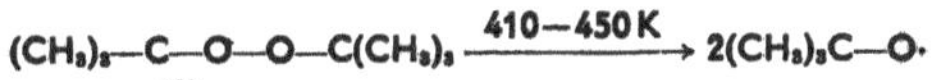

(2)

Niedrige Thermolysetemperaturen liegen immer dann vor, wenn gleichzeitig zwei Bindungen gespalten werden und ein gasförmiges Molekül mit großer Bildungswärme freigesetzt wird, wie z. B. bei der Spaltung von Persäureestern (1) oder von Azoverbindungen (3).

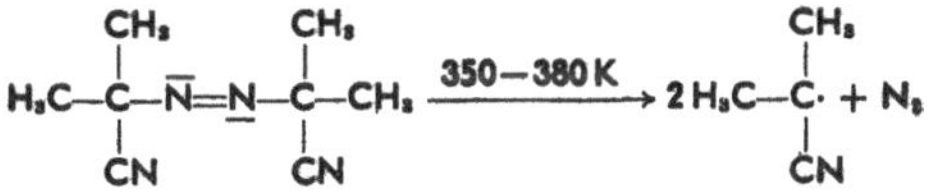

(3)

Die zur Spaltung des Azobisisobutyronitrils (AIBN) notwendige Energie wird zum Teil kompensiert durch die bei der Bildung des stabilen N_2-Moleküls freiwerdende Bildungswärme.

4.1.2. Photolyse

Bei der Absorption elektromagnetischer Strahlung im sichtbaren und UV-Bereich werden Elektronen angeregt, d. h. auf höhere Energieniveaus gehoben. Diese angeregten Moleküle können ihre Anregungsenergie in Form von physikalischen Prozessen (thermische Löschung, Fluoreszens, Phosphoreszenz, innere Umwandlung) oder chemischen Prozessen durch homolytische Bindungsspaltung wieder abgeben.

$$R{-}R \xrightarrow{h\nu} (R{-}R)^* \rightarrow 2\,R\cdot$$

angeregter Elektronenzustand

Die Absorptionsenergie berechnet sich aus der Wellenlänge des eingestrahlten Lichtes nach der bekannten Beziehung

$$E = \frac{h \cdot c}{\lambda}$$

Absorbiert ein Molekül Licht der Wellenlänge zwischen 200 und 500 nm, so entspricht die aufgenommene Absorptionsenergie Werten zwischen 598 und 242 kJ/Mol, d. h., daß unter diesen Bedingungen die homolytische Bindungsspaltung vieler chemischer Bindungen möglich ist (s. Tab. 13).

Eine lange bekannte photochemische Reaktion ist die Chlorknallgas-Reaktion. Halogene absorbieren Energie im sichtbaren Bereich des Spektrums (Dissoziationsenergie Cl—Cl: 242 kJ/Mol, Br—Br: 192 kJ/Mol, J—J: 150 kJ/Mol)

Start: $Cl_2 \xrightarrow{h\nu} (Cl_2)^* \rightarrow 2Cl\cdot$

Kette: $Cl\cdot + H{-}H \rightarrow H\cdot + HCl$

$H\cdot + Cl{-}Cl \rightarrow Cl\cdot + HCl$

Carbonylverbindungen unterliegen ebenfalls einer Vielzahl photochemischer Reaktionen. Sie haben eine Absorptionsbande bei 320 nm, so daß das von einer Hg-Dampflampe emittierte Licht (λ bei 250 nm) zur photochemischen Reaktion von Carbonylverbindungen ausreicht.

Aceton (Absorption bei $\lambda = 310$ nm) wird bei Bestrahlung mit einer Hg-Dampflampe angeregt und dissoziiert anschließend in Methyl- und Acetylradikale. Als Endprodukte entstehen Kohlenmonoxid und Ethan. Diese Reaktion wird häufig zur intermediären Erzeugung von Methylradikalen verwendet.

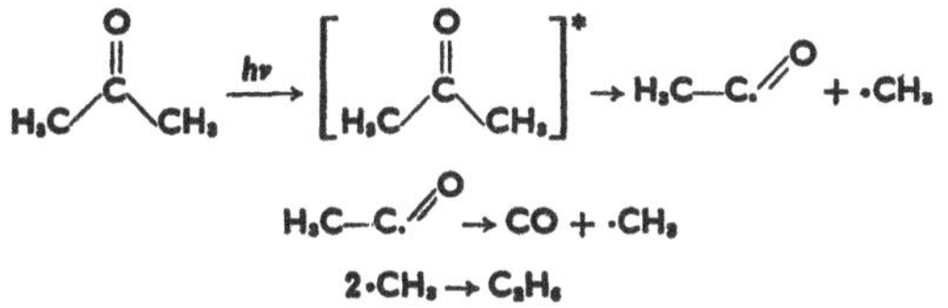

Photochemische Reaktionen können in Gegenwart eines Photosensibilisators beschleunigt bzw. wenn das zu spaltende Molekül in dem photochemischen Bereich keine Absorptionsbande besitzt, primär ausgelöst werden. Der Photosensibilisator absorbiert dabei elektromagnetische Strahlung und überträgt die Photoanregungsenergie auf das Substrat.

Aromatische Ketone wie Benzophenon oder Acetophenon in geringen Mengen erhöhen z. B. die Photolysegeschwindigkeit der radikalischen Decarbonylierung von Aldehyden:

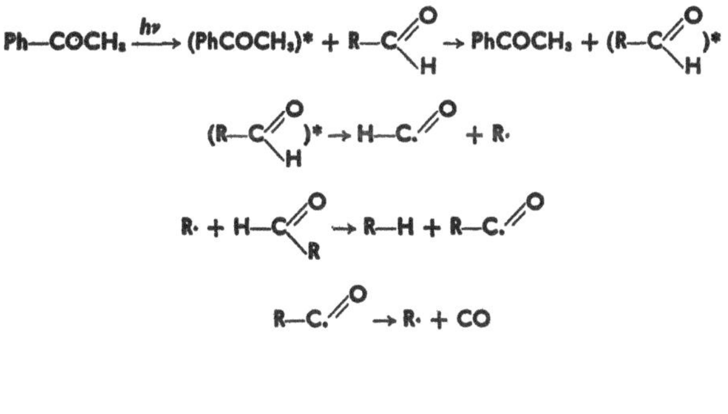

4.1.3. *Radiolyse*

Eine weitere Methode der Energieübertragung auf das Molekül und anschließender Spaltung ist die Radiolyse. Unter Einwirkung energiereicher Strahlung (z. B. Elektronenstrahlen) können Valenzelektronen entfernt werden. Die gebildeten Bruchstücke können weiterreagieren zu Radikalen und Ionen:

$$n\text{-}C_4H_{10} + e^{\ominus} \xrightarrow[\text{Energie}]{\text{kinetische}} [n\text{-}C_4H_{10}]^{\cdot\oplus} + 2\,e^{\ominus}\,.$$

$$[n\text{-}C_4H_{10}]^{\cdot\oplus} \rightarrow \cdot C_2H_5 + C_2H_5^{\oplus}$$

4.1.4. *Bindungsspaltung durch chemische bzw. elektrochemische Energie*

Freie Radikale entstehen häufig bei Redoxreaktionen entweder durch Oxidation oder durch Reduktion. Bei der Carbanionenelektrolyse nach KOLBE wird das Salz einer organischen Säure elektrolysiert und das Anion wird an der Anode unter CO_2-Abspaltung zum Radikal oxidiert:

$$RCOO^{\ominus} \xrightarrow[(-e^{\ominus})]{\text{Anode}} R\text{—}COO\cdot \rightarrow R\cdot + CO_2$$

$$2\,R\cdot \rightarrow R\text{—}R$$

Zu den wichtigsten radikalerzeugenden Redoxreaktionen gehört die Einelektronenübertragung durch Metallionen. Das älteste und bekannteste Beispiel ist die Reaktion von H_2O_2 mit $Fe^{2\oplus}$-Ionen. Es wird nach seinem Entdecker (1894) als FENTONS Reagenz bezeichnet:

$$Fe^{2\oplus} + H_2O_2 \rightarrow Fe^{3\oplus} + OH^{\ominus} + \cdot OH$$

$$Fe^{3\oplus} + H_2O_2 \rightarrow Fe^{2\oplus} + HO_2\cdot + H^{\oplus}$$

FENTONS Reagenz wird auch zur Oxidation organischer

Substanzen verwendet. Aus Benzen wird z. B. Phenol und Diphenyl erhalten.

$$Fe^{2\oplus} + H_2O_2 \longrightarrow Fe^{3\oplus} + OH^{\ominus} + \cdot OH$$

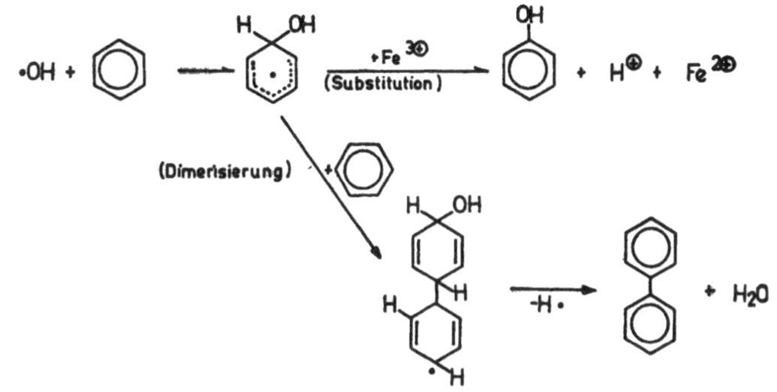

4.2. *Nachweis freier Radikale*

Außer den aus bereits erwähnten stereoelektronischen Gründen sehr stabilen freien Radikalen, die sich isolieren lassen, sind die meisten organischen Radikale so reaktiv, daß sie sehr kurze Lebensdauer besitzen und deshalb nur in geringen Konzentrationen auftreten. Aufgrund ihrer magnetischen Eigenschaften lassen sich aber auch diese reaktiven Radikale in den meisten Fällen nachweisen. Die älteste Methode zum Nachweis von Radikalen ist die Messung der magnetischen Suszeptibilität. Radikale sind aufgrund ihres ungepaarten Elektrons paramagnetisch und unterscheiden sich in ihrem magnetischen Verhalten von den diamagnetischen Molekülen. Paramagnetische Substanzen erfahren im äußeren Magnetfeld eine Orientierung, die dem äußeren Feld parallel gerichtet ist, d. h., sie verstärken das äußere Magnetfeld. Die molare Suszeptibilität paramagnetischer Substanzen ist positiv und liegt in der Größenordnung von 10^{-5} bis 10^{-3}. Diamagnetische Substanzen schwächen ein äußeres Magnetfeld, da das unter den Bedingungen erzeugte zusätzliche magnetische Feld dem äußeren Feld entgegengerichtet ist. Die diamagnetische Molsuszeptibilität ist negativ und liegt in der Größenordnung von 10^{-6}.

Da die paramagnetischen Verbindungen stets einen diamagnetischen Anteil enthalten, kann es bei der quantitativen Auswertung magnetischer Messungen — z. B. der Konzentrationsbestimmung von Radikalen — zu beträchtlichen Ungenauigkeiten kommen. Zur Messung der magnetischen Suszeptibilität fester und flüssiger Substanzen eignet sich die Methode mit der „magnetischen Waage“ nach Gony und für Flüssigkeiten und Lösungen eigent sich besonders die Steighöhenmethode von Quincke, die auf dem gleichen Prinzip wie die Gony-Methode beruht.

Die paramagnetische Elektronenresonanz bzw. Elektronenspinresonanzmethode (EPR oder ESR) ist aufgrund ihrer außerordentlichen Empfindlichkeit den klassischen Nachweismethoden der paramagnetischen Suszeptibilität überlegen. In günstigen Fällen lassen sich Radikale bis zu Konzentrationen von 10^{-11} Mol/l nachweisen. Auf die ESR-Methode zum Radikalnachweis wurde in Kap. 1. bereits näher eingegangen. Kurzlebige gasförmige Radikale können nach der von Paneth und Hofeditz erstmals angewendeten Metallspiegelmethode nachgewiesen werden. Dazu wird gasförmiges Bleitetraalkyl

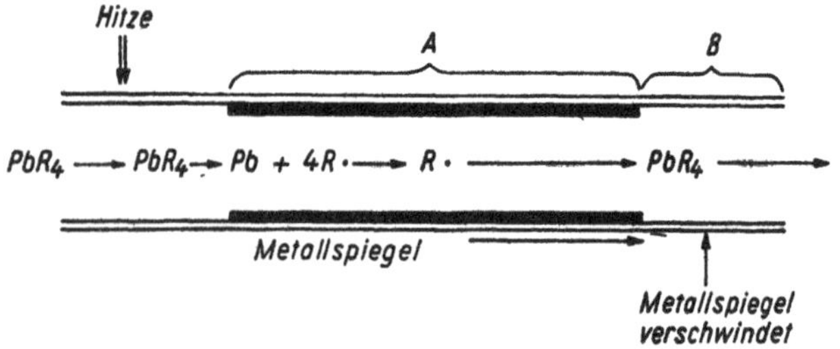

Abb. 18. Metallspiegelmethode zum Nachweis kurzlebiger Radikale

(PbR_4) bei 725 K pyrolysiert und nach Entfernung aus der heißen Zone scheidet sich bei A ein Bleispiegel ab. Befindet sich bei B ein Metallspiegel, so wird er durch die flüchtigen Radikale aufgelöst, wobei wieder flüchtige Metallalkyle entstehen (Abb. 13).

In vielen Fällen können freie Radikale auch durch optische Spektroskopie nachgewiesen werden. Befindet sich das Radikalelektron in Konjugation zu aromatischen π-Systemen, so liegt die Lichtabsorption bereits im sichtbaren Bereich. Zum Beispiel ist das Triphenylmethylradikal in Lösung gelb. Das Diphenylpikrylhydrazylradikal (DPPH) ist intensiv violett gefärbt und in fester Form jahrelang stabil. DPPH wird vielfach zum Abfangen kurzlebiger Radikale als reaktive Zwischenstufen verwendet. Die Reaktion kann quantitativ mittels der Colorimetrie verfolgt werden, da die Reaktionsprodukte gelb bzw. farblos sind:

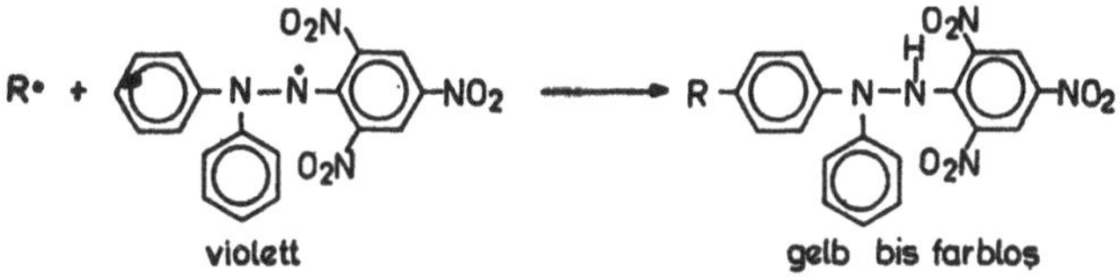

Zur Durchführung solcher Abfangreaktionen gibt man dem Reaktionsgemisch entweder Radikalinitiatoren wie organische Peroxide oder Radikalinhibitoren wie DPPH zu und untersucht den Einfluß dieser Substanzen auf die Reaktionsgeschwindigkeit. Kurzlebige Radikale lassen sich spektroskopisch nachweisen, wenn die Ausgangsverbindung in einem glasartig erstarrenden Medium eingebettet wird. Die durch Photolyse initiierten Radikale können aufgrund der geringen Diffusionsgeschwindigkeit nur langsam rekombinieren und sind spektroskopischen Messungen zugänglich.

4.3. Struktur und Reaktivität von Radikalen

4.3.1. Stereochemie freier Radikale und Reaktionsverhalten

Zwischen der Struktur der Radikale und ihrer Reaktivität besteht ein enger Zusammenhang. Für Radikale mit einem einsamen Elektron am Kohlenstoff leiten sich drei mögliche Strukturen ab.

Der Kohlenstoff kann planar bzw. leicht pyramidal sein oder der quasitetraedrische Zustand bleibt erhalten (Abb. 14).

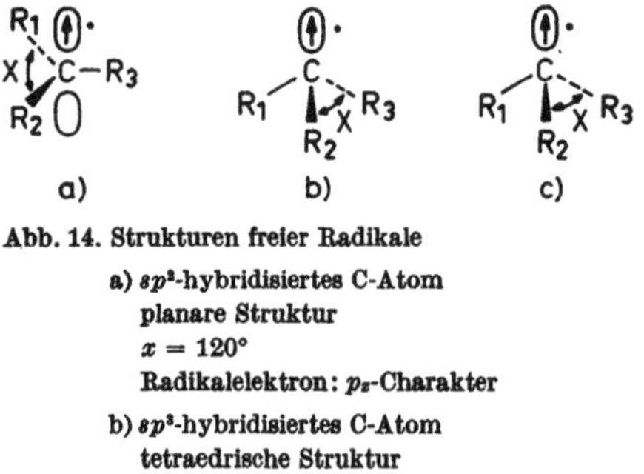

Abb. 14. Strukturen freier Radikale

a) sp^2**-hybridisiertes C-Atom**
planare Struktur
$x = 120°$
Radikalelektron: p_z**-Charakter**

b) sp^3**-hybridisiertes C-Atom**
tetraedrische Struktur
$x = 109°$
Radikalelektron: sp^3

c) sp^2**-**sp^3**-Hybrid**
pyramidale Struktur
$90° < x < 109°$

Das planare Radikal leitet sich aus dem sp^2-hybridisierten C-Atom ab und das freie Orbital mit dem ungepaarten Elektron besitzt p-Orbitalcharakter. In der pyramidalen Struktur nimmt das Radikalelektron einen Hybridorbitalcharakter zwischen sp^2 und sp^3 ein. Die daraus resultierende unsymmetrische Verteilung der Elektronendichte ermöglicht ein Umklappen der pyramidalen Form. Für das pyramidale Radikal können also jeweils zwei enantiomere Formen existieren, die miteinander im Gleichgewicht stehen, ähnlich wie das bei den Aminen der Fall ist.

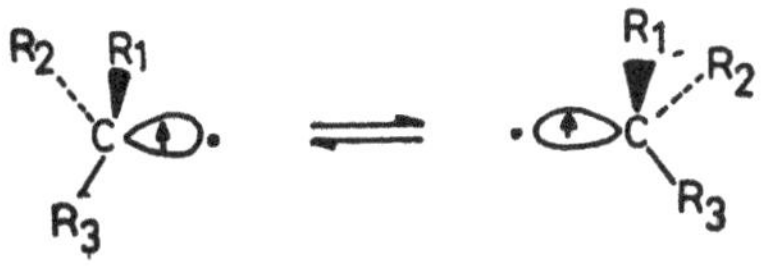

Die meisten Radikale sind entweder planar oder leicht pyramidal. Eine planare Anordnung der drei Bindungen am C-Atom liegt mit Sicherheit dann vor, wenn das Radikalelektron durch Delokalisierung stabilisiert werden kann (z. B. das Triphenylmethyl-, das Benzyl- oder das Allylradikal).

Existiert für ein Radikal nicht die Möglichkeit einer Resonanzstabilisierung, so ist eine sichere Konfigurationszuordnung oft schwierig. Welche der beiden Strukturen überwiegt, hängt dann vor allem von den sterischen Verhältnissen im Radikal ab. Bei einfachen Alkylradikalen sollte infolge der möglichen Hyperkonjugation eine planare Struktur ebenfalls begünstigt sein. Aus den Werten der β-CH- bzw. ^{13}C-Kopplungskonstanten einfacher Alkylradikale kann eine ebene bzw. nahezu ebene Vorzugskonfiguration abgeleitet werden. Zu dem gleichen Ergebnis gelangte man auch über das Vakuum-UV-Spektrum des Methylradikals, aus dem für den Grundzustand entweder eine planare Struktur oder aber eine Struktur, die nicht mehr als 15° von der planaren Struktur abweicht, resultiert.

Das ESR-Spektrum stimmt damit überein und ergibt weiterhin, daß die Energiebarriere zwischen der planaren und der leicht pyramidalen Struktur gering ist.

Radikale können also wesentlich leichter eine Winkeldeformation eingehen als Carbeniumionen. Daraus erklärt sich auch die verhältnismäßig leichte Bildung von nichtplanaren Brückenkopfradikalen, wie z. B. des 1-Norbornylradikals (A) oder des Triptylradikals (B).

(A)

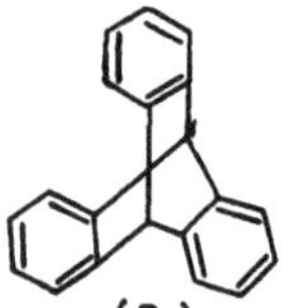
(B)

Die Tatsache, daß bei Radikalreaktionen optisch aktiver Verbindungen racemische Produkte erhalten werden, kann sowohl mit der planaren als auch mit der pyramidalen Struktur erklärt werden. So wird bei der radikalischen Chlorierung von optisch aktivem 1-Chlor-2-methylbutan ein optisch inaktives Reaktionsprodukt erhalten.

optisch aktiv Racemform

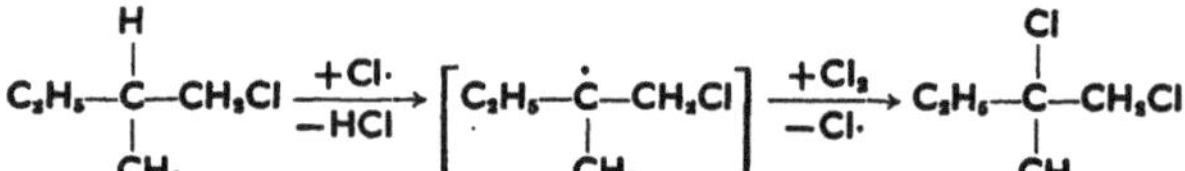

Die Bildung einer Racemform kann einmal erklärt werden aus einer planaren Anordnung der Radikale im Zwischenzustand der Reaktion, für die infolge der ebenen Symmetrie keine optisch aktive Form existiert.

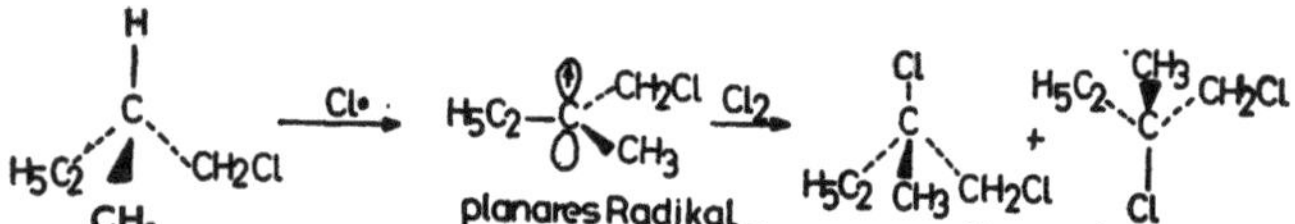

Andererseits kann die Racemisierung auch aus der pyramidalen Anordnung der Radikale abgeleitet werden, wenn sich das Gleichgewicht zwischen beiden enantiomeren Formen schneller einstellt als die Weiterreaktion des Radikals mit dem Chlormolekül abläuft.

Bei der Bromierung von 1-Chlor-2-methylbutan wird in geringen Konzentrationen ein optisch aktives Reak-

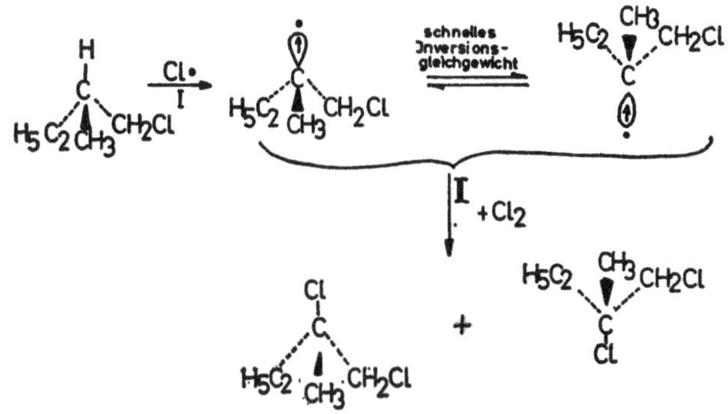

tionsprodukt erhalten. Das bedeutet, daß das Brommolekül entsprechend dem obigen Schritt II schneller reagieren muß als sich das Radikal durch Inversion vollständig racemisiert.

Andererseits kann die optische Aktivität auch aus einem halogenverbrückten Radikal (2) im Zwischenzustand abgeleitet werden.

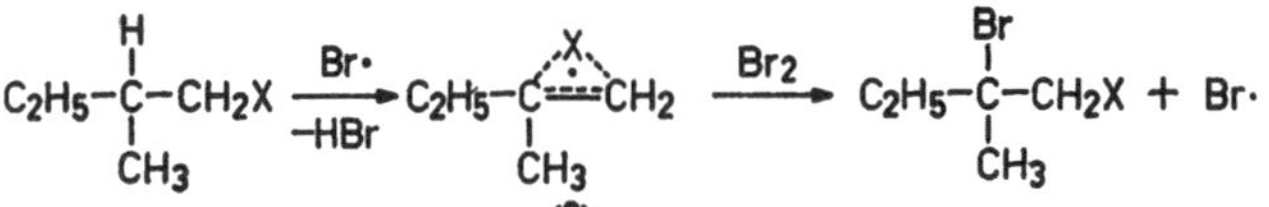

(2)

4.3.2. Verhältnis von Stabilität, Reaktivität und Selektivität

Eng mit der strukturbedingten Stabilisierungsmöglichkeit freier Radikale (stereoelektronische Verhältnisse in der Umgebung des einzelnen Elektrons) ist ihre Reaktivität verbunden. Gerade bei Radikalen können Abschätzungen zur Reaktivität aus der Struktur relativ überschaubar abgeleitet werden, da äußere Einflüsse auf das „Stabilitäts-Reaktivitätsverhältnis", wie z. B. Lösungsmitteleinfluß, Temperatur usw., von untergeordneter

Bedeutung sind. Hierin besteht ein wesentlicher Unterschied zu Reaktionen mit ionischen Zwischenstufen.

Allgemein gilt: Je größer die Stabilität einer radikalischen Zwischenstufe ist, desto geringer ist ihre Reaktivität und desto höher ist ihre Selektivität („Reaktivitäts-Selektivitäts-Prinzip").

$$\text{Stabilität} \approx \frac{a}{\text{relat. Reaktivität}}$$

Zur Veranschaulichung kann folgende Reaktion dienen

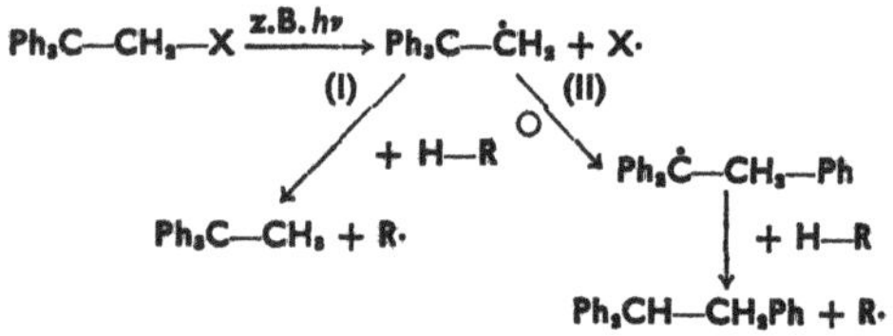

Wie aus der folgenden Abb. 15 zu sehen ist, ist die freie Enthalpie der Aktivierung (bei angenäherter Vergleichbarkeit beider Übergangszustände) für den Weg (I) geringer als für den Weg (II), nachdem sich das Primärradikal durch intramolekulare Umlagerung stabilisiert hat.

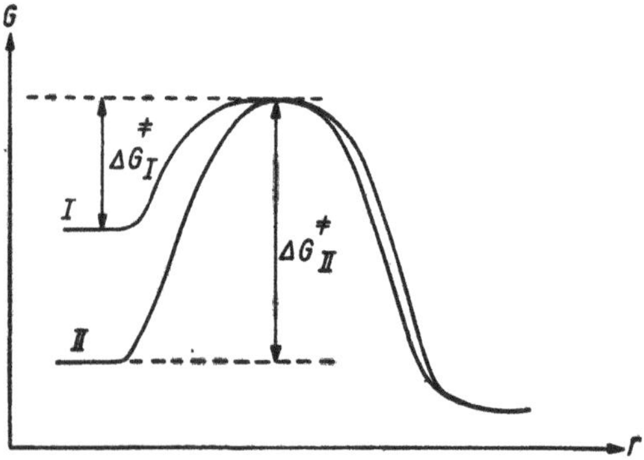

Abb. 15. Schematisches Reaktionsablaufdiagramm für Radikalzwischenstufen unterschiedlicher Stabilität

Ob überhaupt eine Reaktion des stabileren Radikals mit dem Kohlenwasserstoff R—H nach (II) erfolgt, ist nur der thermodynamischen Gesamtbilanz zu entnehmen, d. h. unter Einbeziehung der bei der Bindungsneuknüpfung freiwerdenden Energie. So bedarf z. B. die Spaltung des Di-tert. Butylperoxids nur einer Energie von 159 kJ/Mol, woraus auf eine relativ große Stabilität des entstehenden Radikals geschlossen werden kann. Trotzdem ist es in der Lage mit Kohlenwasserstoffen zu reagieren, da mit der Bildung der O—H-Bindung ein hoher Energiegewinn verbunden ist.

$$\text{t-But—O—O—t-But} \rightarrow \text{2t-But—O}\cdot + \Delta H \approx 159\ \text{kJ/Mol}$$

$$\text{t-But—O}\cdot + \text{H—R} \rightarrow \text{t-But—OH} + \text{R}\cdot - \Delta H \approx 460\ \text{kJ/Mol}$$

Die Betrachtung des Verhältnisses zwischen Reaktivität und Stabilität läßt weiterhin Schlußfolgerungen zu auf die Selektivität von Radikalreaktionen. Hier gilt: Je größer die relative Reaktivität eines Radikals, desto geringer ist die Selektivität für eine bestimmte Reaktion.

$$\text{Selektivität} \approx \frac{a}{\text{relat. Reakt.}}$$

Zum Beispiel ist bei der Reaktion relativ stabiler und damit weniger reaktiver Radikale (Trityl-, t-Butyl-, t-Butoxyradikal u. a.) mit Olefinen praktisch ausschließlich mit einem Reaktionsweg über die π-Elektronen der Doppelbindung zu rechnen, während reaktivere Radikale (Alkylradikale, O_2 u. a.) auch zur Spaltung von C—H-Bindungen (bevorzugt tert. H-Atome) führen.

$$\text{R—O}\cdot + \text{H}_2\text{C=CHR}' \rightarrow \text{R—O—CH}_2\text{—}\dot{\text{C}}\text{HR}'$$

$$\text{R}\cdot + \text{H}_2\text{C=CHR}' \rightarrow \text{R—CH}_2\text{—}\dot{\text{C}}\text{HR}'$$

$$\text{aber auch} \rightarrow \text{R—H} + \text{CH}_2\text{=}\dot{\text{C}}\text{—R}'$$

und weitere Reaktionsprodukte.

4.4. Reaktionsmöglichkeiten von Radikalen

4.4.1. Radikalübertragende Reaktionen

Freie Radikale gehen infolge ihrer hohen Reaktivität leicht weitere Reaktionen ein, die unter Erhalt des Radikalcharakters lediglich zu energieärmeren Verbindungen führen.

1. Zerfall von Peroxidradikalen:

$$(CH_3)_3C{-}O\cdot \rightarrow CH_3\cdot + CH_3COCH_3$$

$$Ph{-}C(=O){-}O\cdot \rightarrow Ph\cdot + CO_2$$

2. Umlagerung (Isomerisierung) in stabilere Radikale:

$$Ph_3C{-}CH_2\cdot \rightarrow Ph_2\dot{C}{-}CH_2Ph$$

3. Substitution von Wasserstoff oder Halogenen:

$$(CH_3)_3CO\cdot + RH \rightarrow (CH_3)_3C{-}OH + R\cdot$$

$$R\cdot + R'H \rightarrow RH + R'\cdot$$

$$R\cdot + R'Cl \rightarrow RCl + R'\cdot$$

$$CH_3\cdot + CCl_4 \rightarrow CH_3Cl + \cdot CCl_3$$

4. Addition von Radikalen an ungesättigte Verbindungen: Die Addition erfolgt unter Bildung eines stabileren Radikals, z. B. die Bildung eines sekundären Radikals aus einem primären

$$R{-}CH{=}CH_2 + CH_3\cdot \rightarrow R{-}\dot{C}H{-}CH_2{-}CH_3$$

Ein technisch wichtiges Beispiel der Übertragung von Radikalen auf ungesättigte Verbindungen ist der Wachstumsschritt der radikalischen Vinylpolymerisation (vgl. 4.4.3.3.).

4.4.2. Reaktionen unter Verlust der Radikalnatur

Der Verlust der Radikalnatur erfolgt normalerweise durch Reaktion zweier Radikale miteinander

1. durch Rekombination von zwei gleichen oder verschiedenen freien Radikalen

$$2\,Ph{-}CH_2\cdot \rightarrow Ph{-}CH_2{-}CH_2{-}Ph$$

Die bei der Rekombination zweier Radikale freiwerdende Energie muß an die Umgebung (Medium, Gefäßwand, Lösungsmittel, Reaktionspartner) abgegeben werden können.

2. durch Disproportionierung zweier Radikale:

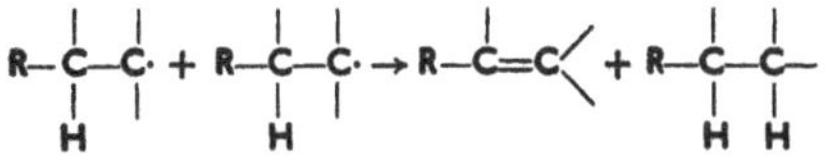

Dabei substitutiert ein Radikal an der α-Stellung eines zweiten Radikals ein H-Atom, wobei möglicherweise eine Zwischenstufe (Diradikal) durchlaufen wird, die sich schnell zum Olefin stabilisiert.

Die Radikalfunktion kann auch durch Reaktion mit Inhibitoren zerstört werden. Inhibitoren (Radikalfänger) sind Stoffe, die entweder energiearme und deshalb nicht weiter zur Reaktion befähigte Radikale bilden (Jod, Hydrochinon), oder es handelt sich um energiearme freie Radikale, die durch Kombination mit den freien Radikalen stabile Reaktionsprodukte ohne Radikalcharakter bilden (NO, NO_2, Sauerstoff, DPPH).

Eine weitere Möglichkeit besteht in der Oxidation bzw. Reduktion eines Radikals unter Bildung eines Kations bzw. Anions.

$$R^{\oplus} \xleftarrow[\text{Oxidation}]{-e^{\ominus}} R\cdot \xrightarrow[\text{Reduktion}]{+e^{\ominus}} R^{\ominus}$$

4.4.3. Reaktionen mit Radikalen als Zwischenstufen

4.4.3.1. Radikalische Substitutionsreaktionen

Die radikalische Chlorierung von Kohlenwasserstoffen zählt zu den lange bekannten und technisch in großem Umfang genutzten Reaktionen. Sie verläuft nach einem typischen Radikalkettenprozeß entsprechend dem folgenden Schema, wobei Radikale unterschiedlicher Natur als Zwischenstufen entstehen über die sich die Kette fortpflanzt.

$$\text{Initiierung: } Cl_2 \xrightarrow{h\nu;\,T} 2\,Cl\cdot$$

$$\text{Wachstumsreaktionen: } R\text{—}H + Cl\cdot \rightarrow R\cdot + H\text{—}Cl$$

$$R\cdot + Cl_2 \rightarrow R\text{—}Cl + Cl\cdot$$

$$\text{Bruttoreaktion: } R\text{—}H + Cl_2 \rightarrow R\text{—}Cl + H\text{—}Cl$$

Bei photochemischer Initiierung werden Quantenausbeuten von 10^4 bis 10^6 gefunden. Diese außerordentlich hohe Reaktivität hat entsprechend Abschnitt 4.3.2. eine geringe Selektivität für die Substitution z. B. eines ganz bestimmten H-Atoms des jeweiligen Kohlenwasserstoffs zur Folge. Besonders leicht werden tertiäre H-Atome substituiert. So wurde bei tiefen Temperaturen für die Chlorierung von gesättigten Kohlenwasserstoffen ein auf Methan relativiertes Verhältnis ($CH_4 \sim k_{rel.} = 1{,}0$) von prim. H-Atom $\sim 100 <$ sek. H-Atom $\sim 400 <$ tert. H-Atom ~ 600 gefunden.

Ähnliche Gesichtspunkte gelten für die ebenfalls als Radikalkettenmechanismus ablaufende Sulfochlorierung von Kohlenwasserstoffen.

$$R\text{—}H + Cl\cdot \rightarrow R\cdot + HCl$$

$$R\cdot + SO_2 \rightarrow R\text{—}SO_2\cdot$$

$$R\text{—}SO_2\cdot + Cl_2 \rightarrow R\text{—}SO_2\text{—}Cl + Cl\cdot$$

Radikale als reaktive Zwischenstufen treten auch bei der sogenannten Autoxidation einer Vielzahl organischer Verbindungen auf. Diese Reaktionsfolge führt im Bereich der Elaste und Plaste zu erheblichen volkswirtschaftlichen Schäden. Auch hierbei werden bevorzugt tertiäre H-Atome durch Sauerstoff oder andere Spurenradikale angegriffen unter Bildung von Hydroperoxiden. Durch deren Zerfall werden weitere Radikale gebildet, die zum Abbau von Kohlenstoffketten führen, wie es im folgenden Schema angedeutet ist.

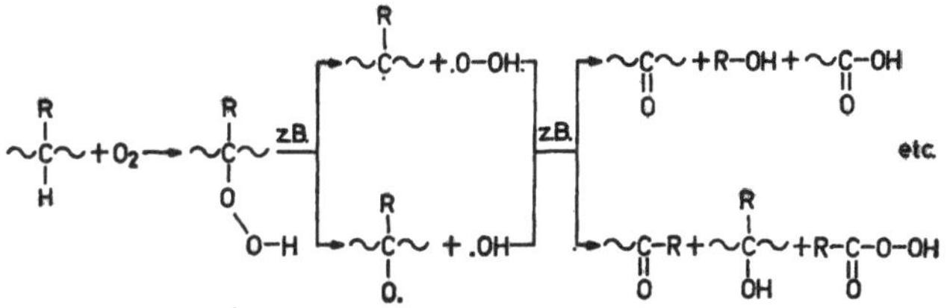

In Abhängigkeit von den Stabilisierungsmöglichkeiten der zwischenzeitlich gebildeten Radikale (z. B. Allylradikale) kann der Zerfall mehr oder weniger rasch erfolgen, wobei Feuchtigkeit oder Säurespuren zusätzlich begünstigend wirken.

4.4.3.2. Radikalische Additionsreaktionen an π-Systemen

An π-Elektronensystemen wie Olefinen oder Aromaten können radikalische Additionen erfolgen. Von besonderem Interesse sind dabei solche Reaktionen, die über einen Radikalkettenmechanismus zu anderen Produkten führen als nach polaren Additionsmechanismen. Gut bekannte Beispiele sind die zum Anti-MARKOWNIKOW-Produkt führende radikalische H—Br-Addition an unsymmetrische Olefine.

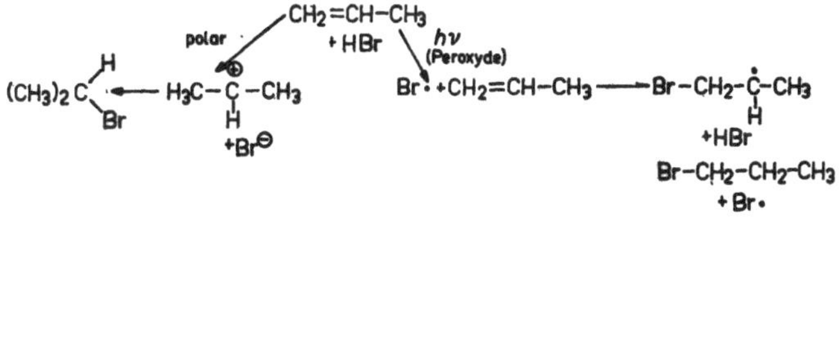

Analoges gilt für die radikalische H—Br-Addition an Allylbromid, die zum 1,3-Dibrompropan führt, während die elektrophile H—Br-Addition 1,2-Dibrompropan ergibt.

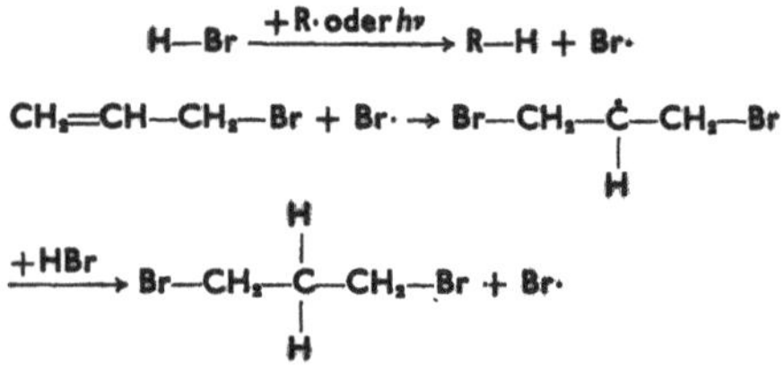

4.4.3.3. Radikalische Polymerisation

Die temporär entstehenden sehr reaktiven Kohlenstoffradikale können sich in geeigneten Fällen auch wieder an die Doppelbindung addieren, so daß auf diese Weise der Kettenmechanismus in Form der radikalischen Polymerisation fortgesetzt wird. Die radikalische Polymerisation ist besonders aus technischer Sicht bedeutungsvoll, da der überwiegende Teil an Plast- und Elasterzeugnissen auf radikalischem Wege hergestellt wird. Voraussetzung für eine radikalische Polymerisation ist eine radikalbildende Reaktion, die den eigentlichen Kettenstart einleitet. Zur Bildung dieser Primärradikale dient besonders der homolytische Zerfall kovalenter Bindungen, wie sie in Peroxiden, Azoverbindungen und Persulfaten vorliegen. Die starke Temperaturabhängigkeit der Radikalbildung aus derartigen Verbindungen bietet zugleich die Möglichkeit einer Geschwindigkeitsregulierung für den Kettenstart. Übersichtliche Verhältnisse der Radikalbildung nach einem Geschwindigkeitsgesetz erster Ordnung liefert das Azobisisobutyronitril (AIBN), das bezüglich der effektiven Radikalausbeute in Abhängigkeit von der Temperatur, vom Lösungsmittel sowie der Natur und Konzentration des zu polymerisierenden Olefins gut untersucht wurde. Ob durch ein Radikal eine Olefinpolymerisation initiiert wird, hängt von dessen Stabilität ab. So werden sehr stabile Radikale (z. B. Triphenylmethylradikal) aus thermodynamischen Erwägungen zur Initiierung wenig geeignet sein, während hochreaktive Radikale wiederum eine zu geringe Selektivität bezüglich der alleinigen Reaktion mit der π-Bindung haben (z. B. Alkylradikale) und andere Stabilisierungsreaktionen (Kombination, Disproportionierung usw.) schneller ablaufen. Die beim Zerfall des AIBN entstehenden Radikale verfügen offenbar über eine „relative Stabilität", die sie bevorzugt mit den leicht polarisierbaren π-Elektronen olefinischer Doppelbindungen reagieren läßt. Für die Reaktionsfolge der radikalischen Polymerisation wird folgendes Schema angegeben.

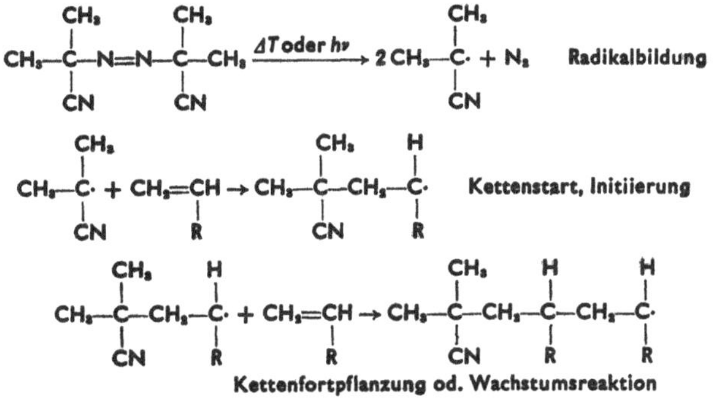

Die bei der Vinylpolymerisation als reaktive Zwischenstufen auftretenden freien Radikale konnten neben anderen Methoden insbesondere durch ESR-Spektroskopie direkt nachgewiesen werden.

Der Kettenabbruch erfolgt durch Reaktionen, wie sie in Abschnitt 4.4.2. behandelt wurden, entsprechend unterscheidet man

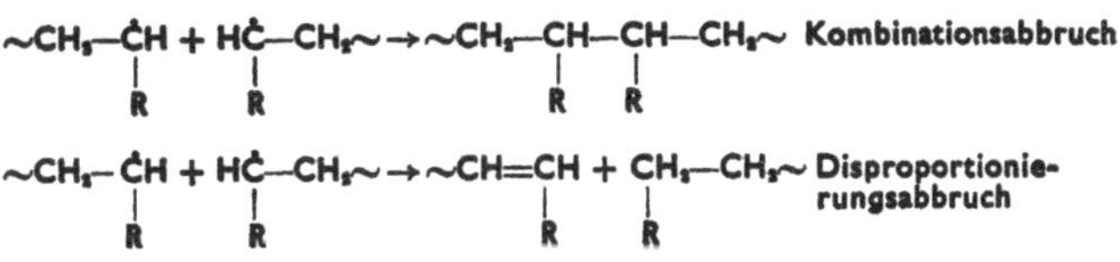

Weiterhin kettenlimitierend können auch sogenannte Übertragungsreaktionen wirken, wobei die Radikalfunktion der Polymerkette auf ein beliebiges im Reaktionssystem vorhandenes Molekül (Lösungsmittel, Monomer, Polymer, Verunreinigungen) übertragen wird. Durch das Überträgerradikal (X·) kann wieder eine neue Kette initiiert werden.

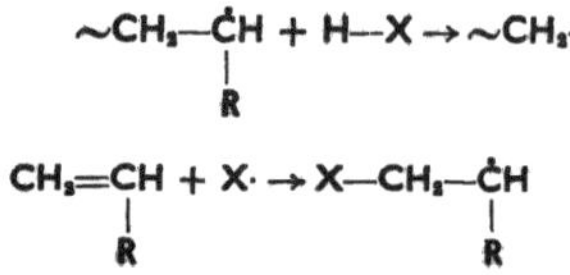

Zur Diagnose von Reaktionsmechanismen wird bei Vermutung freier Radikale als reaktive Zwischenstufe die Polymerisationsfähigkeit von Styren als indirekter Nachweis gewertet. Da Styren aber auch ionisch initiiert werden kann, ist dieses Experiment nur dann schlüssig, wenn unter den gegebenen Bedingungen ionische Polymerisationen nicht ablaufen können. Das ist z. B. der Fall in dipolar protischen Lösungsmitteln oder deren Zusatz zum Reaktionssystem.

Erfolgt die Initiierung der Radikalkette in einer Mischung zweier Monomere, so kann es zur Bildung von Copolymeren kommen. Die Zusammensetzung derartiger Copolymerisate (statistisch, alternierend, blockmäßig) hängt neben den Reaktionsbedingungen (Temperatur, Lösungsmittel, Natur und Konzentration der Initiatorradikale) besonders von der strukturbedingten relativen Reaktivität der Monomere (M_1, M_2) bzw. deren Radikale ($M_1^{\cdot}$, $M_2^{\cdot}$) in der Wachstumsreaktion ab. Für eine quantitative Beschreibung dieses Verhältnisses relativer Reaktivitäten verschiedener freier Radikale sind vier Wachstumsschritte zu unterscheiden:

$$\begin{aligned} &\sim M_1^{\cdot} + M_1 \xrightarrow{k_{11}} \sim M_1 - M_1^{\cdot} \\ &\sim M_1^{\cdot} + M_2 \xrightarrow{k_{12}} \sim M_1 - M_2^{\cdot} \end{aligned} \qquad \frac{k_{11}}{k_{12}} = r_1$$

$$\sim M_2 + M_2 \xrightarrow{k_{22}} \sim M_2 - M_2 \qquad \frac{k_{22}}{k_{21}} = r_2$$
$$\sim M_2 + M_1 \xrightarrow{k_{21}} \sim M_2 - M_1$$

Aus den Geschwindigkeitsgleichungen dieser Reaktionen gelangt man zur sogenannten „Copolymerisationsgleichung“

$$\frac{d[M_1]}{d[M_2]} = \frac{[M_1]}{[M_2]} \cdot \frac{r_1[M_1] + [M_2]}{r_2[M_2] + [M_1]}$$

mit deren Hilfe man bei Kenntnis der Copolymerisationsparameter r_1 und r_2 die Zusammensetzung des Copolymerisates für ein gewähltes Monomergemisch berechnen kann. Diese Möglichkeit ist von erheblichem praktischem Interesse, da auf diese Weise von der Zusammensetzung des Copolymerisates abhängige Eigenschaften gesteuert werden können. Andererseits kann mit der gezielten Beeinflussung der relativen Reaktivität der freien Radikale auf diesem Wege im Prinzip eine Optimierung von Eigenschaftskombinationen bei technischen Applikationen erreicht werden.

4.4.3.4. Umlagerungsreaktionen

Wie bereits erwähnt, spielen radikalische Zwischenstufen auch bei Umlagerungsreaktionen eine Rolle. Dabei sind intramolekulare Umlagerungen zur Stabilisierung der Zwischenstufe bei aliphatischen Systemen seltener als bei Beteiligung aromatischer Gruppen oder Gruppen mit Heteroatomen. Beispielsweise geht das Triphenylmethoxyradikal die folgende Umlagerung ein, während das tert.-Butoxyradikal unter Bildung des reaktiveren Methylradikals und der stabilen Acetonmolekel zerfällt.

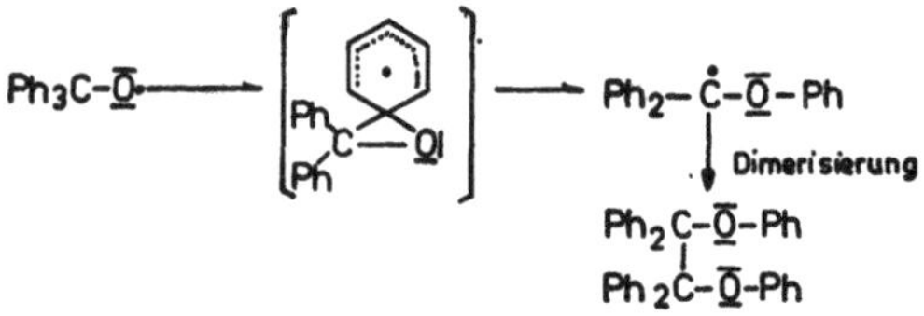

$$(CH_3)_3C{-}O\cdot \rightarrow \dot{C}H_3 + (CH_3)_2C{=}O$$

Die Ursache für diesen Unterschied ist sicherlich in der stark verringerten Aktivierungsenergie für die Umlagerung des Triphenylmethoxyradikals durch Delokalisierung der Radikalfunktion zu sehen. Auch für die Wanderung von Halogenatomen werden intramolekulare Reaktionsschritte mit radikalischer Zwischenstufe angenommen, wie es im folgenden Beispiel veranschaulicht ist.

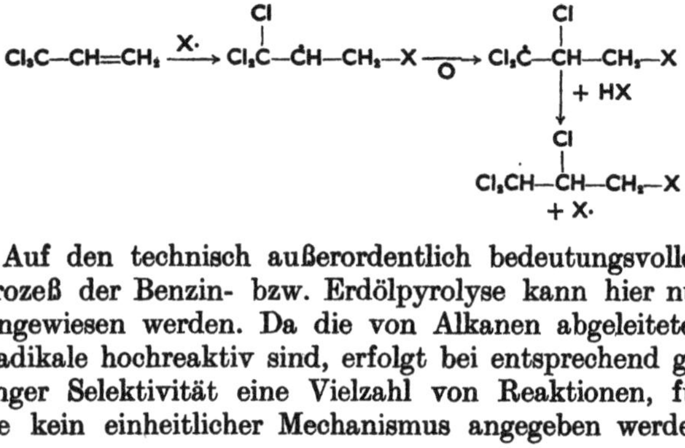

Auf den technisch außerordentlich bedeutungsvollen Prozeß der Benzin- bzw. Erdölpyrolyse kann hier nur hingewiesen werden. Da die von Alkanen abgeleiteten Radikale hochreaktiv sind, erfolgt bei entsprechend geringer Selektivität eine Vielzahl von Reaktionen, für die kein einheitlicher Mechanismus angegeben werden kann.

5. Multivalente Zwischenstufen

Unter dem Begriff „multivalente Zwischenstufen“ sollen die folgenden Verbindungsklassen zusammengefaßt werden.

1. Zwischenstufen, deren Struktur durch das Vorhandensein zweier oder mehrerer räumlich durch σ-Bindungen voneinander getrennter Reaktivitätszentren gekennzeichnet ist. Diese Reaktivitätszentren können unterschiedlicher oder gleicher Funktionalität sein und separat oder simultan zu den entsprechenden Produkten reagieren. Entsprechend ihrer Funktionalität lassen sich diese Zwischenstufen einteilen in:

- Radikalionen (Radikalkationen und -anionen)
- Zwitterionen (Dianionen, Dikationen, gemischte Dionen)
- Biradikale (Triplet- und Singuletbiradikale)

Ihre Bildung erfolgt allgemein durch Prozesse wie Einelektronenübertragungen (Redoxreaktionen, EDA-Komplexbildungen, elektrochemische Oxidation und Reduktion), Fragmentierungsreaktionen oder Dissoziationsreaktionen, Eliminierungen und photochemische Elektronenanregungsvorgänge.

2. Elektroneutrale, valenzmäßig abgesättigte Verbindungen mit hochreaktiven Molekülfragmenten oder Mehrfachbindungen (z. B. Arine und Diimine). Solche energiereichen Bindungen werden durch chemische Reaktionen simultan oder separat in einen stabileren Zustand überführt. Die Umsetzung vollzieht sich damit ebenfalls an mindestens zwei Reaktionszentren (beide an der Bindung beteiligte Atome).

Ambidente Kationen oder Anionen (vgl. Kap. 2.1.3.5., Kap. 3.5.2.) lassen sich formal mit zu den multivalenten Zwischenstufen rechnen, unterscheiden sich aber insofern von diesen, daß bei ihnen nur konkurrierende Grenzstrukturen einer unterschiedlich lokalisierten Reaktivitätsfunktionalität zur Wirkung kommen, wobei es stark von den Reaktionsbedingungen abhängt, welche der möglichen Grenzstrukturen den Reaktionsverlauf bestimmt.

In dieser Betrachtungsweise bleiben solche elektroneutralen, valenzmäßig abgesättigten Zwischenstufen wie tetraedrische und cyclische Strukturen, Übergangsmetallkomplexe und die Zwischenstufen oxidativer Prozesse unberücksichtigt.

5.1. Radikalionen

5.1.1. Definition, Struktur und Darstellung

Ein Radikalion ist ein elektrisch geladenes Teilchen mit einer ungeraden Anzahl von nichtgepaarten Elektronen (Radikalstelle). Die erste Verbindung, an der diese Wechselwirkung beobachtet wurde, war Naphthalinnatrium. Während in Diglykoldimethylether das erwartete 25-Linien-ESR-Spektrum gemessen wurde, war in THF jede Linie in 4 Komponenten aufgespalten. Diese Erscheinung ging beim Abkühlen zurück, d. h. die Kationenaufspaltung wurde geringer (Gleichgewicht zwischen engem und getrenntem Ionenpaar). Die Radikalanionen aromatischer Verbindungen zeigen weitgehende Delokalisation der negativen Ladung und des Elektrons.

Der Nachweis der Radikalstelle erfolgt durch die ESR-Spektroskopie. Der ionische Zustand, d. h. die elektrische Ladung, kann durch Leitfähigkeitsmessungen nachgewiesen werden.

Die Darstellung von Radikalionen erfolgt auf chemischem, elektrischem oder photolytischem Wege. Besonders geeignete Systeme sind Aromaten und deren Derivate. Weniger gut reagieren Alkylhalogenide, Alkene, Azoverbindungen und Di- oder Trione.

Allgemeines Schema:

$$XY^{\cdot\oplus} \xleftarrow{-e^{\ominus}} XY \xrightarrow{+e^{\ominus}} XY^{\cdot\ominus}$$

In neuerer Zeit hat die Bildung von Radikalkationen durch massenspektroskopische Fragmentierung große Bedeutung erlangt.

Nachfolgend sind die *MO*-Schemata eines Aromaten und seines Radikalanions bzw. -kations dargestellt (vgl. Abb. 16).

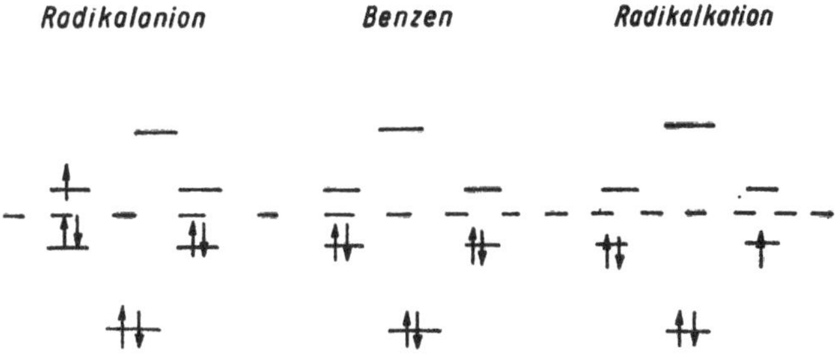

Abb. 16. MO-Schemata der vom Benzen abgeleiteten Radikalionen

5.1.2. *Radikalanionen*

5.1.2.1. *Darstellung*

Die Bildung von Radikalanionen durch Redoxreaktionen sind die ältesten Beispiele für ihr Auftreten als reaktive Zwischenstufen in chemischen Reaktionen.

Bei der Umsetzung von Naphthalin mit metallischem Natrium entsteht ein Radikalanion, das Ausgangspunkt für viele weitere Synthesen ist, das Naphthalin-Natrium:

Die reversible Oxidation von Hydrochinon zu Benzochinon ist ein Zweielektronenprozeß, wobei der Elektronenübergang in zwei Einelektronenschritten stattfindet. Die Zwischenstufe dieser Reaktion ist ein Radikalanion von tiefroter Farbe.

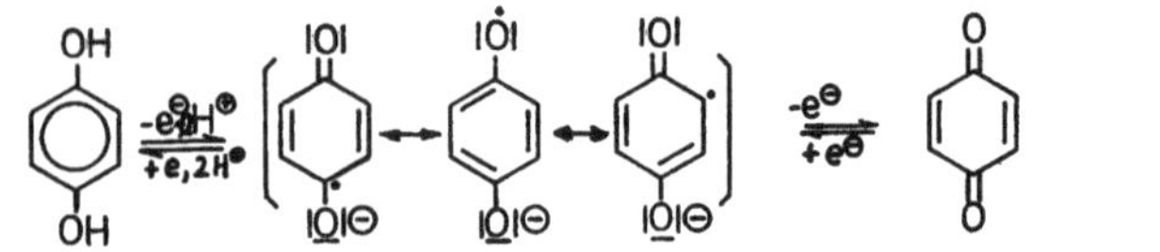

Hydrochinon tiefrotes Semichinon Benzochinon

Die Bildung des mesomeriestabilisierten Semichinon-Radikalanions durch Einelektronenübergänge wird bei Einsatz des Hydrochinons als „Radikalfänger“ ausgenutzt.

Ein weiteres bekanntes Beispiel für die Bildung von Radikalanionen sind die Ketyle. In Abwesenheit von Luft reagieren aromatische Ketone mit Alkalimetallen zu einer tiefblauen Verbindung.

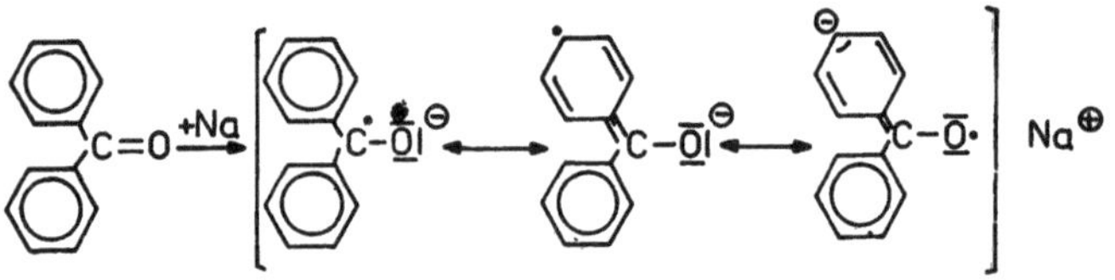

Diese mesomeriestabilisierten Ketyle sind in basischer Lösung beständig, dimerisieren dagegen bei Neutralisation rasch zu Pinakolen.

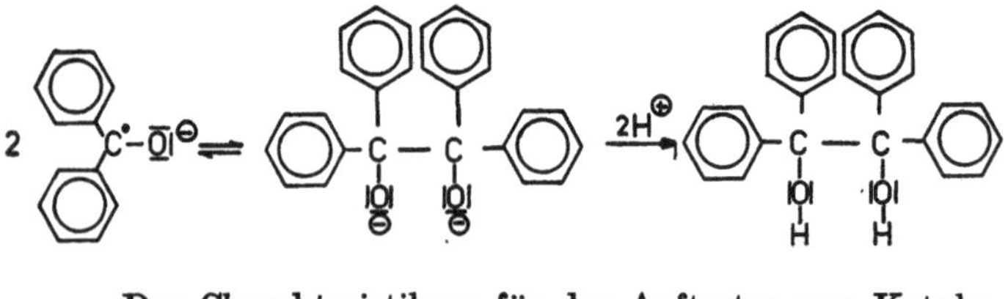

Das Charakteristikum für das Auftreten von Ketylen ist die intensive Absorption bei ($\lambda_{max} = 645$ nm) und das auf die Delokalisierung eines ungepaarten Elektrons hinweisende ESR-Spektrum, aus dem aber auch hervorgeht, daß die Radikalfunktion immer noch hauptsächlich am Carbonyl-C-Atom lokalisiert ist. Die sehr hohe Reaktionsfähigkeit der Ketyle gegenüber Luft oder Wasser wird zur intensiven Trocknung organischer Lösungsmittel ausgenutzt.

5.1.2.2. Radikalanionen als Zwischenstufen chemischer Reaktionen

Reaktionsmöglichkeiten (schematisch):

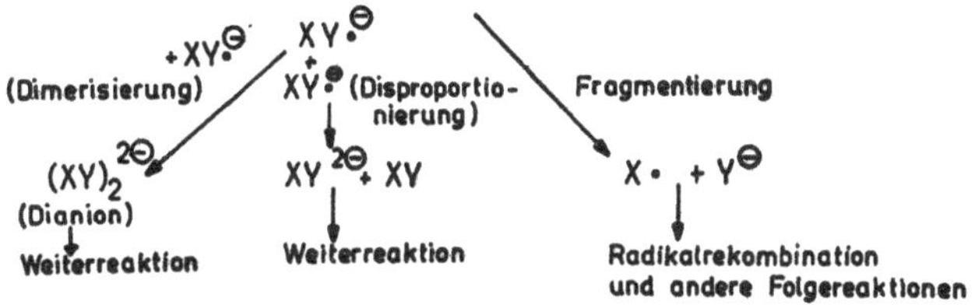

a) Kombinationsreaktionen mit simultaner Substitution

$$O_2N{-}Ph{-}CH_2Cl + (CH_3)_2\overset{\ominus}{C}{-}NO_2 \rightarrow [O_2N{-}\dot{P}h^{\ominus}{-}CH_2Cl] + (CH_3)_2{-}\dot{C}{-}NO_2$$

$$\xrightarrow[-Cl^{\ominus}]{} O_2N{-}Ph{-}\dot{C}H_2 + (CH_3)_2{-}\dot{C}{-}NO_2 \rightarrow O_2N{-}Ph{-}CH_2{-}C(CH_3)_2{-}NO_2$$

b) Dimerisierungen und Disproportionierungen

Radikalanionen aromatischer Verbindungen befinden sich oft im Gleichgewicht mit dem Dianion und dem Kohlenwasserstoff, wenn sie ausreichende Elektronenaffinität besitzen bzw. mit dem Alkalimetall stabile Salze bilden können.

Beispiel:

$$2\,R_2C{=}\overset{\ominus}{\dot{C}}R_2M^{\oplus} \rightleftharpoons [R_2\bar{C}{-}\bar{C}R_2]^{2\ominus}2\,M^{\oplus} + R_2C{=}CR_2$$

c) Redoxreaktionen

Eine sehr bekannte Reaktion zur Verknüpfung von aliphatischen und aromatischen Kohlenwasserstoffen stellt die WURTZ-FITTIG-Synthese dar.

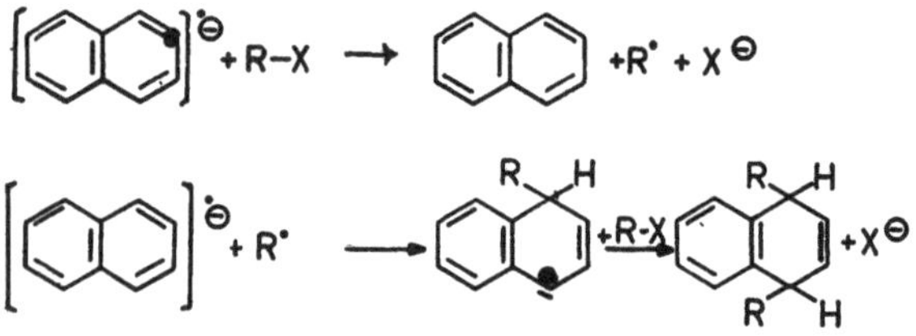

5.1.3. *Reaktionen mit Radikalkationen als Zwischenstufen*

Die Reaktionen von Kationenradikalen unterscheiden sich z. T. erheblich von den Reaktionen einfacher Carbokationen.

Zu ihrer Darstellung führt die Oxidation mit Metallionen [Co(III); Mn(III)], mit anderen chemischen Reagenzien z. B. Chlordioxid oder durch anodische Oxidation.

(1) $Co(III) + Ph{-}CH_3 \rightleftharpoons Co(II) + [Ph{-}CH_3]^{\cdot\oplus}$

(2) $R{-}CH_2{-}NR_2' + ClO_2 \rightleftharpoons [R{-}CH_2{-}NR_2']^{\cdot\oplus} + ClO_2^{\ominus}$

Die meisten Radikalkationen sind kurzlebige sehr reaktive Spezies, wobei in oft sehr komplexer Reaktionsfolge weitere Zwischenstufen mit ionischer bzw. radikalischer Funktion gebildet werden.

Eine relativ stabile Substanz, die in der Struktur einem Radikalanion, dem Semidurochinon sehr ähnlich ist, ist das sogenannte WURSTERS-Rot. Dieses Radikalkation wird durch Oxidation von N,N-Dimethyl-p-Phenylendiamin erhalten. Als Oxidationsmittel wird meist Brom verwendet.

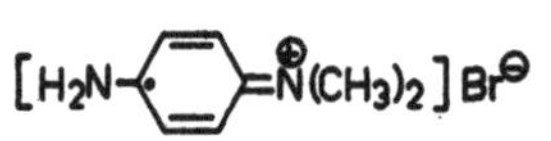

Wursters Rot
(Radikalkation)

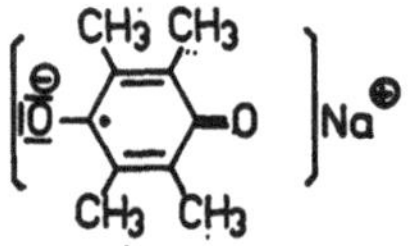

Semidurochinon
(Radikalanion)

5.1.4. Paarweise Bildung von Radikalionen

Eine bedeutende Rolle spielen Radikalionen auch in der Polymerisation von Vinylmonomeren unter Beteiligung starker Elektronenacceptoren. Acrylnitril kann beispielsweise gegenüber $ZnCl_2$ als *n*-Donator wirken, obwohl es selbst ein starker π-Acceptor ist.

Die Ausbildung wachstumsfähiger Biradikale in der radikalischen Polymerisation von Acrylnitril unter Anwesenheit von $ZnCl_2$ verläuft über die Bildung eines Radikal-Anionen/Kationen-Paares:

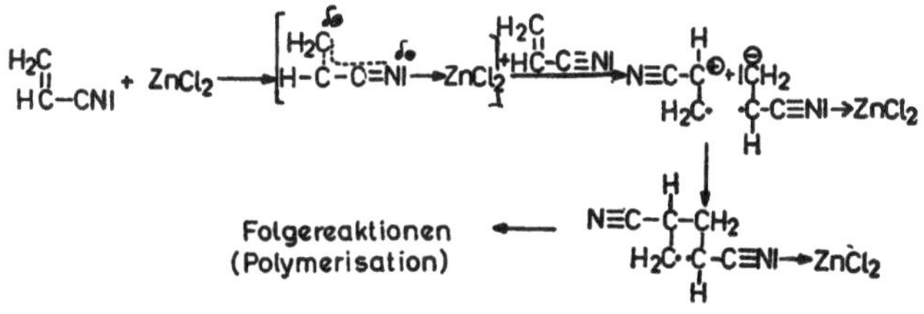

Ganz analog sind starke π-Elektronenacceptoren in der Lage, den Elektronenübergang von Donormonomeren zu bewirken, wobei es zur Ausbildung eines Radikalionen-Paares kommt. Das Radikalkation des Olefins kann dann über eine Dikationbildung zur kationischen Polymerisation weiterführen.

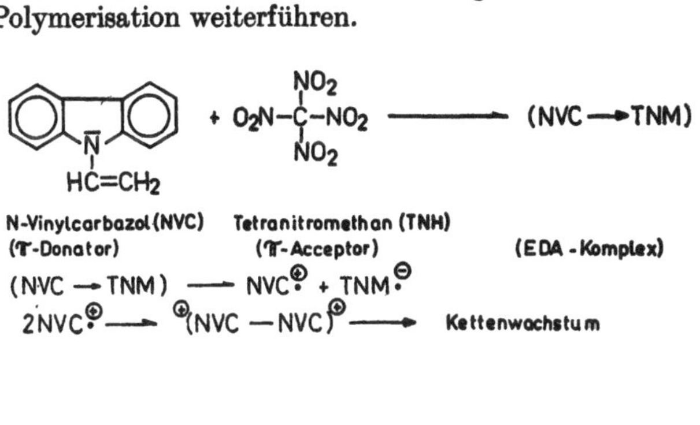

5.2. *Elektronisch angeregte Zustände als reaktive Zwischenstufen*

5.2.1. *Darstellung und Charakterisierung*

Meist betrachtet man zur Aufklärung von Reaktionsmechanismen nur Vorgänge, bei denen die reagierenden Partner im elektronischen Grundzustand verbleiben. Die für Grundzustandsreaktionen noch recht übersichtliche Stereoelektronik und Topologie der Reaktion verliert ihre Bedeutung oft fast völlig, wenn angeregte Zustände an der Reaktion beteiligt sind.

Angeregte Zustände entstehen dadurch, daß ein geeignetes Molekül durch Stoß oder Lichtabsorption so viel Energie zugeführt bekommt, daß es vom elektronischen Grundzustand (S_0) in einen entsprechenden höheren ($S_{1...n}$) übergehen kann. Von diesem sehr kurzlebigen angeregten Singuletzustand erfolgt dann entweder ein Rückfall in den Grundzustand oder ein strahlungsloser (multiplizitätsverbotener) Übergang in den entsprechenden Tripletzustand ($T_{1...n}$). Der Triplet-T_1-Zustand besitzt eine relativ große Lebensdauer, weil der Übergang $T_1 \rightarrow S_0$ ebenfalls multiplizitätsverboten ist (d. h. sehr wenig wahrscheinlich ist). Damit erhält der Tripletzustand den Charakter einer reaktiven Zwischenstufe, von der aus chemische Reaktionen möglich sind.

Tabelle 14
Lebensdauer von Tripletzuständen aromatischer Verbindungen bei 77 K

Naphthalin	2,4 s	1-Bromnaphthalin	0,014 s
1-Fluornaphthalin	1,4 s	1-Jodnaphthalin	0,0023 s
1-Chlornaphthalin	0,23 s		

Der Anregungsvorgang soll der Einfachheit halber als Übergang eines Elektrons aus dem höchsten besetzten *MO* in des tiefste unbesetzte *MO* des Moleküls verstanden werden. Je nach dem ob die Folgereaktion dann aus einem Singulet- oder Triplet-Zustand erfolgt, kann man der Zwischenstufe die Funktionalität eines Singulet-Biradikals (antiparallele Spins der ungepaarten Elektronen) oder eines Triplet-Biradikals (parallele Spins) zuordnen.

Während des Anregungsvorganges erfolgt eine entscheidende Veränderung des stereoelektronischen Zustandes des Moleküls. Diese Änderung ist für das im Vergleich zum Grundzustand unterschiedliche Verhalten des angeregten Zustandes verantwortlich.

Am Beispiel des Butadiens (vgl. Abb. 17) wird ersichtlich, daß durch die Anregung Grenzstrukturen an Bedeutung gewinnen, die ein anderes Reaktionsverhalten zeigen als die für die Elektronenverteilung des Grundzustandes dominierenden Strukturen.

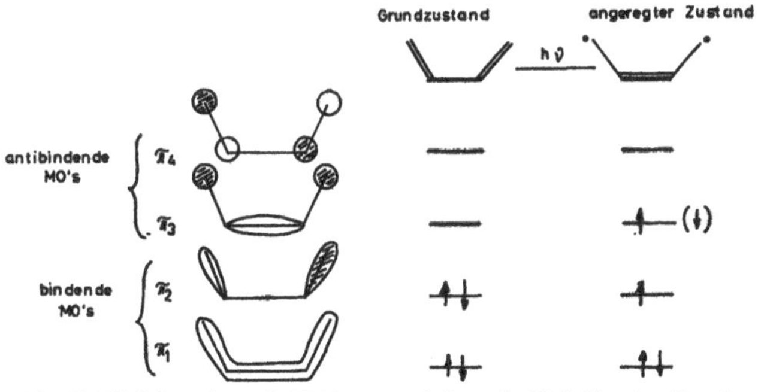

Abb. 17. MO-Schemata und Elektronenverteilung in Butadien im Grundzustand und erstem angeregten Zustand

Die unterschiedliche Orbitalsymmetrie des Butadiens im Grundzustand und im angeregten Zustand führt dazu, daß aus dem Grundzustand vorrangig intermolekulare Cyclisierungen (Dienreaktionen) stattfinden, während der angeregte Zustand zu intramolekularen Cyclisierungen befähigt ist.

Die Diradikalnatur der angeregten Zwischenstufe läßt sich indirekt durch die Wirkung von Radikalfängern auf den Reaktionsverlauf nachweisen. Der direkte Nachweis gelingt meist nur mittels kurzzeitspektroskopischer Methoden wie Pulsradiolyse, Fluoreszenzspektroskopie oder flash-Photolyse u. a.

Daneben werden für angeregte Zwischenstufen auch Zwitterionenstrukturen diskutiert, die besonders wahrscheinlich sein sollten, wenn die Möglichkeit der Ladungstrennung im Molekül durch ein sterisch festgelegtes σ-Gerüst oder durch starke Polarisation aufgrund von Substituenteneinfluß groß genug wird.

Beispiel: Photocyclisierung von 1,3,5-Hexatrienen zu [3.1.0]-Bicyclohexenen

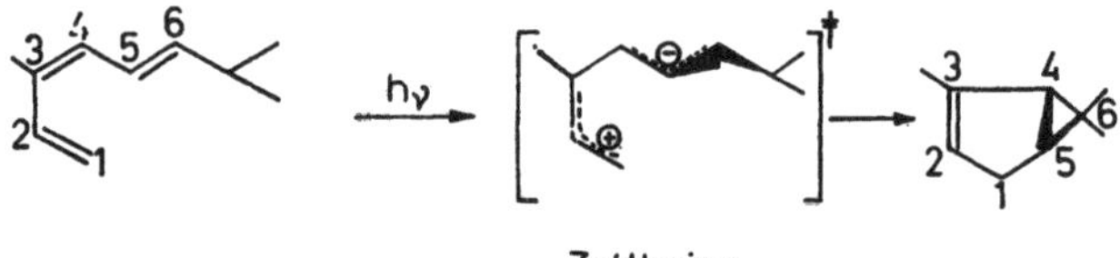

Wegen der beachtlichen inneren Energie elektronisch angeregter Zustände werden die Aktivierungsbarrieren für chemische Reaktionen häufig leicht überwunden. Die photochemischen Reaktionen müssen dabei während der Lebensdauer eines angeregten Zustandes ($S_1 \leqq 10^{-8}$ s, $T_1 \leqq 10^{-4} \cdots 1$ s) stattfinden. Ein bimolekularer Prozeß bei niedriger Konzentration an Reaktanden ist für den S_1-Zustand deshalb sehr unwahrscheinlich. Ähnlich können auch monomolekulare Reaktionen mit Geschwindigkeitskonstanten kleiner $10^9 \cdots 10^{10}$ s^{-1} nur schwer aus dem S_1-Zustand erfolgen.

Neben der direkten Anregung des Moleküls kann der Triplet-Zustand (T_1) auch durch Energieübertragung mit Hilfe von Sensibilisatoren erreicht werden. Solche Sensibilisatoren besitzen ein leicht anregbares Triplet mit einer Energie unterhalb der Triplet-Energie des reagierenden Moleküls. Die Energieübertragung vom angeregten Sensibilisator auf das anzuregende Molekül erfolgt durch Stoß, wobei es zur Ausbildung sogen. „Phantom-Zwischenstufen“ („Phantom-Triplet“) kommt, von denen ausgehend für die Weiterreaktion nur noch sehr geringe Aktivierungsbarrieren zu überwinden sind. In Abhängigkeit von der Energie des „Phantom-Triplets“

lassen sich sehr selektiv bestimmte Produktverhältnisse einstellen.

Beispiel: E—Z-Isomerisierung von Stilben

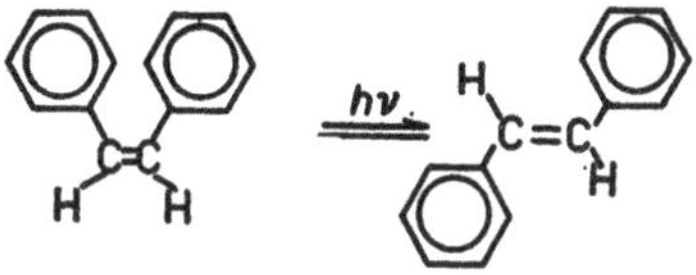

5.2.2. Reaktionen über angeregte Zustände

5.2.2.1. Photoadditionen

Durch Elektronenanregung werden C=O- und C=C-Doppelbindungssysteme aber auch aromatische Strukturen sehr leicht in Biradikale überführt, die dann entsprechende Reaktionen mit π-Systemen eingehen können. Die Struktur der Hauptprodukte wird dabei wesentlich von der stabilsten Struktur des Biradikals bestimmt, während die Konfiguration des Olefins nicht von ausschlaggebender Bedeutung ist. Der Verlauf elektrocyclischer Reaktionen unterliegt dem Gesetz von der Erhaltung der Orbitalsymmetrie und unterscheidet sich damit deutlich von den entsprechenden Reaktionen im elektronischen Grundzustand.

Beispiel: Diels-Alder-Reaktion zwischen Cyclopentadien und Maleinsäureanhydrid

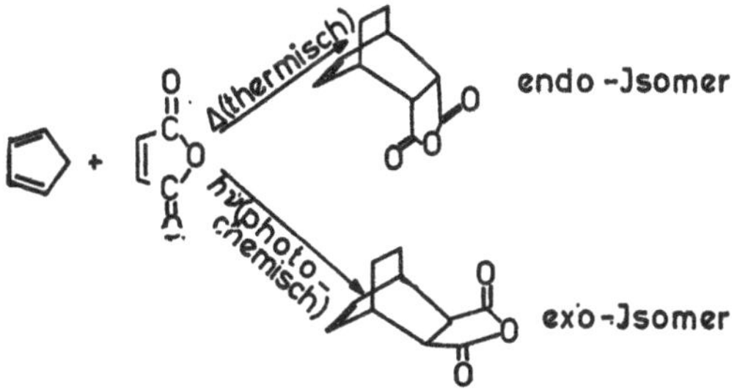

5.2.2.2. Fragmentierungsreaktionen

Molekulare Fragmentierungen finden nicht immer unmittelbar aus dem elektronisch angeregten Zustand statt, sondern sind häufig das Resultat eines hochangeregten Schwingungszustandes. Bevorzugt werden dabei kleine Molekülfragmente abgespalten, wie z. B. CO, CO_2, N_2, SO_2 usw. Aliphatische Aldehyde und Ketone fragmentieren nach einem $n-\pi^*$-Übergang unter CO-Abspaltung meist in niedere Paraffine und Olefine:

Beispiel: Gasphasenfragmentierung aliphatischer Ketone (NORRISH I)

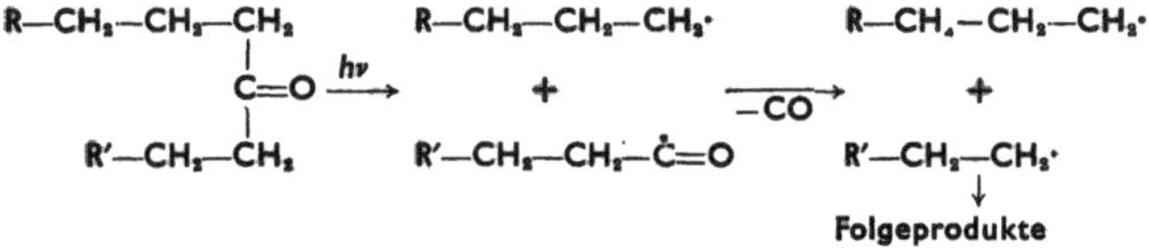

Bei Anwesenheit eines γ-H-Atoms und elektronenziehender Substituenten an der CO-Gruppe kann die Reaktion über einen sechsgliedrigen Übergangszustand verlaufen.

Beispiel: Photolyse aliphatischer Ketone (NORRISH II)

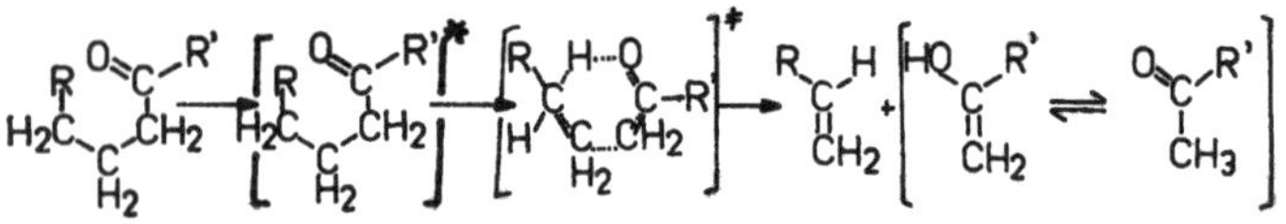

5.2.2.3. Photochemische Umlagerungen

Photochemische Umlagerungen resultieren aus der Rückbildung der Elektronenstruktur des Grundzustandes aus der Elektronenverteilung des angeregten Zustandes. Dabei können Strukturisomerisierungen erfolgen durch eine irreversible Umlagerung von Atomen oder Atomgruppen.

Beispiel:

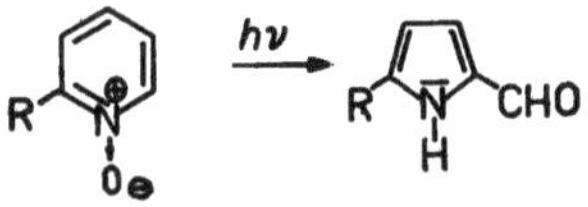

Ebenso können Valenzisomerisierungen erfolgen durch eine reversible Umverteilung von Elektronen und Änderung der relativen Lage einiger Kerne.

Beispiel:

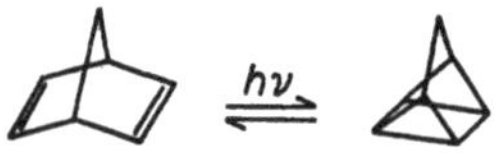

Eine wichtige photochemische Umlagerungsreaktion ist die schon erwähnte Z—E-Isomerisierung des Stilbens.

5.2.2.4. Photochemische Substitution

Während der Anregung des Substrats kommt es zu einer elektronischen Umgruppierung im Molekül, welches dadurch eine andere Elektronendichteverteilung als im Grundzustand aufweist. Für die nucleophile Substitution am Aromaten werden damit andere Positionen zum Reaktionszentrum.

Beispiel:

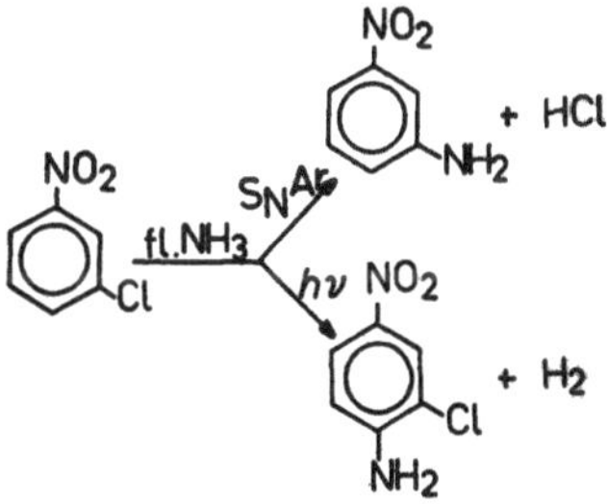

Andererseits kann durch die Anregung eine homolytische Bindungsspaltung unter Bildung von Radikalen erfolgen, die dann zur radikalischen Substitution am Substrat führt.

Beispiel:

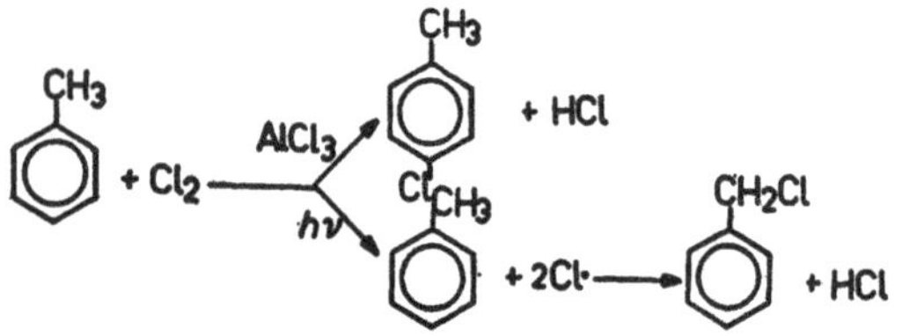

5.3. *Arine als reaktive Zwischenstufen*

5.3.1. *Nachweis und strukturelle Aspekte*

Unter extrem harten Reaktionsbedingungen ist es möglich, die nucleophile Substitution nichtaktivierter Arylhalogenide durchzuführen. Diese Reaktion kann nicht als einfache Substitution ablaufen, sondern muß als Eliminierungs-Additions-Mechanismus aufgefaßt werden:

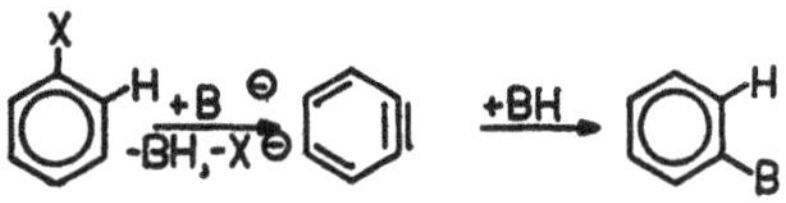

Die Reaktion von m,o,p-Chlortoluen und die entstehenden Produkte mit $NaNH_2$ lassen nur die Schlußfolgerung zu, daß ein Arin-Zwischenzustand gebildet wird:

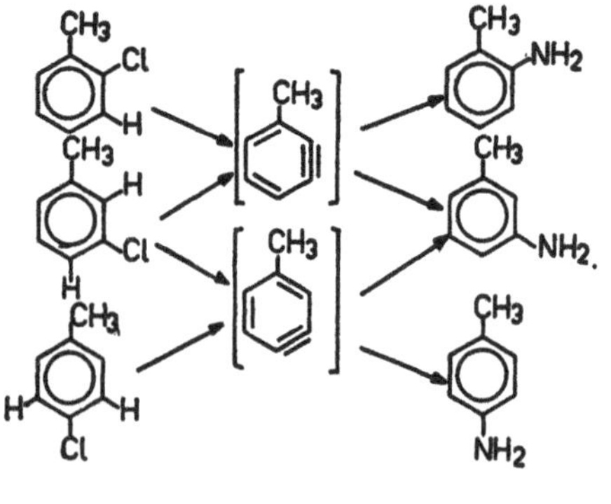

Bei der nucleophilen Substitutionsreaktion am Chlorbenzen durch $NaNH_2$ wurde ein primärer kinetischer Isotopeneffekt ($k_H/k_D = 5 \cdots 6$) gefunden, der darauf hinweist, daß der geschwindigkeitsbestimmende Schritt der Reaktion die Spaltung der C—H-Bindung ist.

Die kinetische Analyse der Dehydrohalogenierungsreaktion

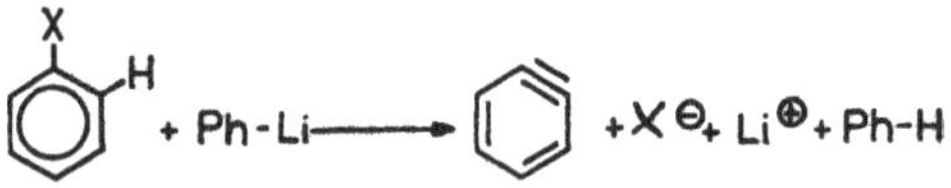

liefert die Abstufung *F* > Cl > Br. Die Abspaltung des Halogens erfolgt demnach in einem schnellen Schritt, die Polarisierung der C—H-Bindung durch das Halogen bewirkt aber eine Erhöhung der Reaktivität für die geschwindigkeitsbestimmende $H^{\oplus}$-Abspaltung.

Durch das Abfangen der Arin-Zwischenstufen als DIELS-ALDER-Addukt bei der Umsetzung mit Dienen

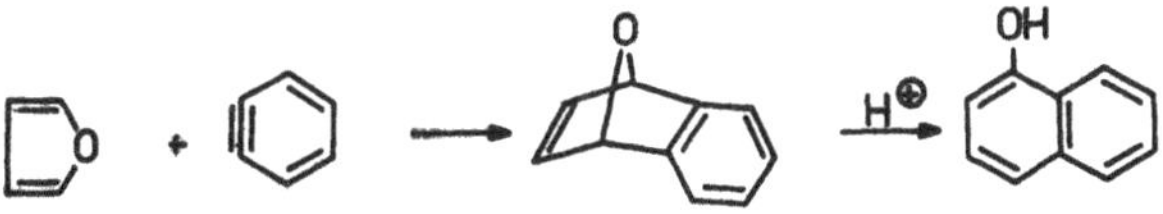

konnte der dienophile Charakter des Arins nachgewiesen werden, der in Analogie zum Acetylen auf das Vorliegen einer elektrophilen Dreifachbindung schließen läßt. Dabei ist die Formulierung einer Dreifachbindung bei den Arinen offenbar eine Vereinfachung, da diese extrem gespannt sein müßte. Sicherlich sind mehrere Grenzstrukturen von Bedeutung, die ebenfalls ihren Beitrag zur chemischen Reaktivität liefern und bifunktionellen Charakter haben.

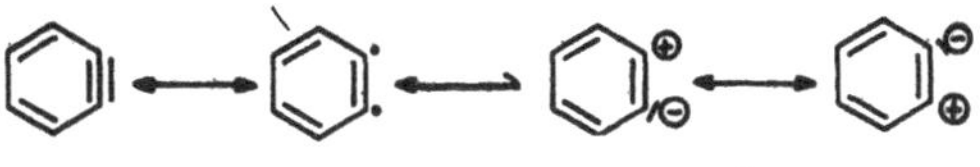

Diese Auffassung einer gewissen Zwitterionennatur von Arinen läßt Besonderheiten ihrer Reaktivität gegenüber Säuren und Basen verständlich werden.

5.3.2. *Darstellung der Arine*

a) durch ortho-Halogeno-Metallierungen

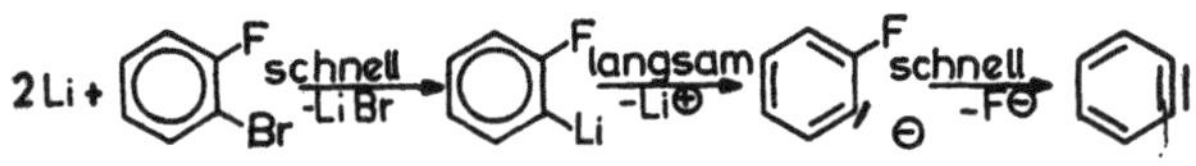

b) durch Abspaltung neutraler Abgangsgruppen

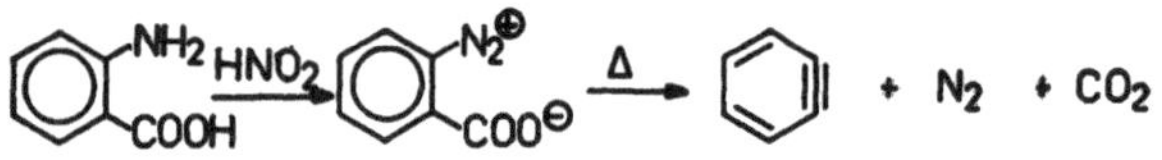

c) durch Fragmentierungsreaktionen

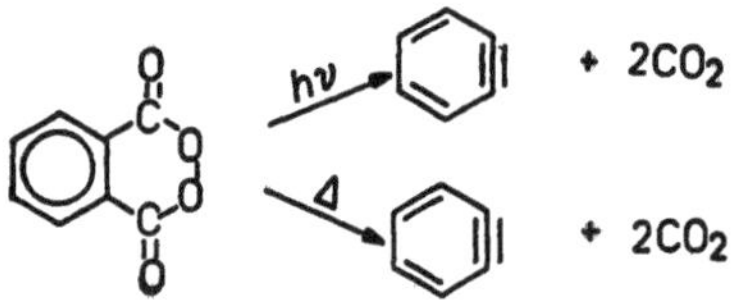

5.3.3. *Reaktionen über Arine als Zwischenstufen*

Bei der nucleophilen Substitution am Aromaten bewirken Zweitsubstituenten einen merklichen Orientierungseffekt:

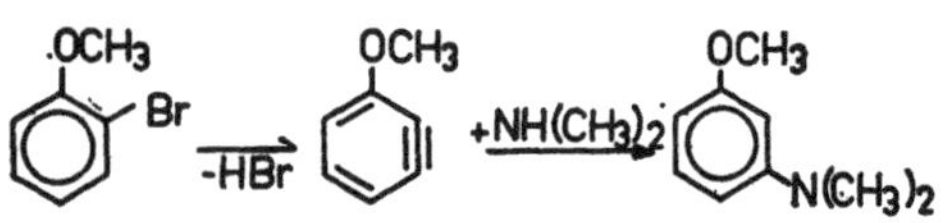

Ein ähnliches Verhalten ist für Arine auch bei der elektrophilen Substitution durch Borane nachgewiesen worden.

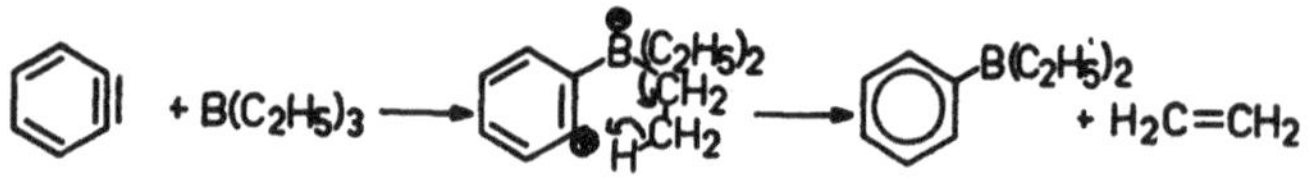

Arine können darüber hinaus aufgrund der Reaktivität der Dreifachbindung in dipolaren Cycloadditionen mit entsprechenden Reagenzien umgesetzt werden.

Beispiel: DIELS-ALDER-Reaktion

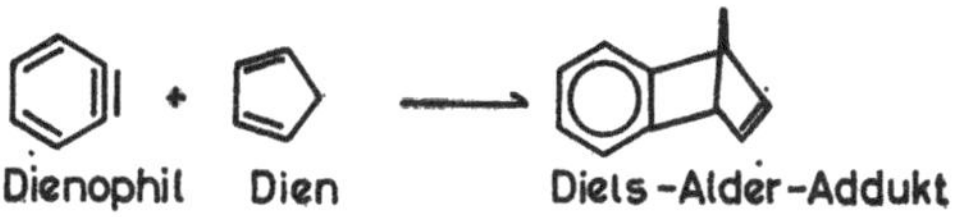

Beispiel: 2:3 dipolare Cycloaddition

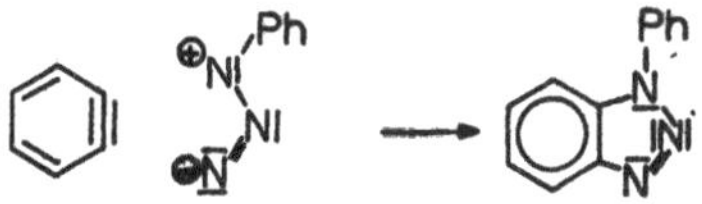

6. Weiterführende Literatur

Kapitel 1..

N. S. ISAACS, „*Reactive Intermediates in Organic Chemistry*“, John Wiley & Sons, London/New York/Sydney/Toronto 1974

P. SYKES, „*Reaktionsaufklärung*“, Akademie-Verlag, Berlin 1976

E. S. GOULD, „*Mechanismus und Struktur in der organischen Chemie*“ (Kap. 5 und 6), Verlag Chemie, Weinheim/Bergstr. 1964

J. DERKOSCH, „*Absorptionsspektralanalyse im ultravioletten, sichtbaren und infraroten Gebiet*“, Akademische Verlagsgesellschaft, Leipzig 1967

R. BORSDORF, M. SCHOLZ, „*Spektroskopische Methoden in der organischen Chemie*“, Akademie-Verlag, Berlin 1968, (WTB 21),

E. M. KOSOWER, Progr. Phys. Org. Chem. **3**, 81ff. (1966)

L. A. BLJUMENFELD, W. W. WOJEWODSUI, A. G. SEMJONOV, „*Die Anwendung der paramagnetischen Elektronenresonanz in der Chemie*“, Akademische Verlagsgesellschaft, Leipzig 1966

A. ZSCHUNKE, „*Kernmagnetische Resonanzspektroskopie in der organischen Chemie*“, (WTB 88); Akademie-Verlag, Berlin 1972

K. G. SEIFERT, Chemie in unserer Zeit **10**, 84ff. (1976)

K. P. SCHUMACHER, H. BÖTTCHER, Wiss. Z. TH Leuna-Merseburg **20**, 26ff. (1978)

E. HEUMANN, D. SCHUBERT, W. TRIEBEL, B. WILHELMI, Feingerätetechnik **6**, 257ff. (1978)

K. SCHWETLICK, „*Kinetische Methoden zur Untersuchung von Reaktionsmechanismen*“, Deutscher Verlag der Wissenschaften, Berlin 1971

Kapitel 2.:

H. G. O. Becker, „*Elektronentheorie organisch-chemischer Reaktionen*“, VEB Deutscher Verlag der Wissenschaften, Berlin 1974

S. Hauptmann, J. Graefe, H. Remane, „*Lehrbuch der Organischen Chemie*“, VEB Deutscher Verlag für Grundstoffindustrie, Leipzig 1976

P. Sykes, „*Reaktionsaufklärung*“, Akademie-Verlag, Berlin 1976

G. Olah, „*Carbokationen und elektrophile Reaktionen*“, Verlag Chemie, Weinheim Bergstr. 1974

N. S. Isaacs, „*Reactive Intermediates in Organic Chemistry*“, John Wiley & Sons, New York 1974

S. Winstein, „*Nonclassical Ions and Homoaromaticity*“, Quarterly Reviews **23**, 141 (1969)

N. S. Isaacs, „*Intermediates in organic reactions*“, Chemistry in Britain **6** (5), 206 (1970)

R. J. Sudjak, R. L. Jones, L. M. Dorfman, „Rate constants for some electrophilic reactions of benzyl, benzhydryl and trityl cations in solution“, J. Amer. Chem. Soc. **98**, 4875 (1976)

G. Heublein, „*Zum Ablauf ionischer Polymerisationsreaktionen*“, Akademie-Verlag, Berlin 1975

M. Hanack, Acc. Chem. Res. **9**, 364 (1976)

Kapitel 3.:

J. E. Leffler, „*The Reactive Intermediates of Organic Chemistry*“, Interscience publishers Inc., New York 1956

N. S. Isaacs, „*Reactive Intermediates in Organic Chemistry*“, John Wiley & Sons, New York 1974

S. Hauptmann, J. Graefe, H. Remane, „*Lehrbuch der organischen Chemie*“, VEB Deutscher Verlag für Grundstoffindustrie, Leipzig 1976

H. F. Ebel, Fortschritte der chemischen Forschung **12**, (3) (1969), 387–430

U. Schöllkopf, Angewandte Chemie **82**, (1970), 795

S. Brownstein, D. J. Worsfold, Can. J. Chem. 50, (1972), 1246–1248

Autorenkollektiv, „*Organikum*", VEB Deutscher Verlag der Wissenschaften, Berlin 1976

Kapitel 4.:

H. G. O. Becker, „*Elektronentheorie organisch-chemischer Reaktionen*", VEB Deutscher Verlag der Wissenschaften, Berlin 1974

N. S. Isaacs, „*Reactive Intermediates in Organic Chemistry*", John Wiley & Sons, New York 1974

Ch. Walling, „*Free Radicals in Solutions*", John Wiley & Sons, New York 1957

W. A. Waters, „*The Chemistry of Free Radikals*", Clarendon Press, Oxford 1948

J. Ulbricht, „*Grundlagen der Synthese von Polymeren*", Akademie-Verlag, Berlin 1978

Ch. Rüchardt, Angew. Chem. **82**, 845 (1970)

Ch. Rüchardt, Chemie in unserer Zeit, **3**, 41 (1969)

Kapitel 5..

H. G. O. Becker, „*Elektronentheorie organisch-chemischer Reaktionen*", VEB Deutscher Verlag der Wissenschaften, Berlin 1974

H. G. O. Becker u. Mitarb., „*Einführung in die Photochemie*", VEB Deutscher Verlag der Wissenschaften, Berlin 1974

G. Heublein, „*Zum Ablauf ionischer Polymerisationsreaktionen*", Akademie-Verlag, Berlin 1975

N. S. Isaacs, „*Reactive Intermediates in Organic Chemistry*", John Wiley & Sons, New York 1974

R. B. Cundall und A. Gilbert, „*Photochemistry — Studies in modern chemistry*", Nelson, London 1970

G. Wittig, Angewandte Chemie, **69**, 245 (1957); Angewandte Chemie, **77**, 752 (1965)

7. Sachwortverzeichnis

Bei Fragen zur Produktsicherheit wenden Sie sich bitte an:
If you have any questions regarding product safety, please contact:

Walter de Gruyter GmbH
Genthiner Straße 13
10785 Berlin
productsafety@degruyterbrill.com